济南岩体特征与成矿机理研究

JINAN YANTI TEZHENG YU CHENGKUANG JILI YANJIU

胡彩萍 彭文泉 常洪华 朱立新
徐 蒙 彭 凯 王树星 于 超 著

图书在版编目(CIP)数据

济南岩体特征与成矿机理研究/胡彩萍等著.—武汉:中国地质大学出版社,2022.7
ISBN 978-7-5625-5287-1

Ⅰ.①济…
Ⅱ.①胡…
Ⅲ.①矿产地质-概况-济南 ②铁矿床-成矿规律-研究-济南
Ⅳ.①P62 ②P618.310.1

中国版本图书馆CIP数据核字(2022)第092925号

济南岩体特征与成矿机理研究		胡彩萍 等著
责任编辑:舒立霞	选题策划:毕克成 段 勇	责任校对:何澍语

出版发行:中国地质大学出版社(武汉市洪山区鲁磨路388号)		邮编:430074
电 话:(027)67883511	传 真:(027)67883580	E-mail:cbb@cug.edu.cn
经 销:全国新华书店		http://cugp.cug.edu.cn
开本:787毫米×1092毫米 1/16		字数:320千字 印张:12.5
版次:2022年7月第1版		印次:2022年7月第1次印刷
印刷:武汉市籍缘印刷厂		
ISBN 978-7-5625-5287-1		定价:188.00元

如有印装质量问题请与印刷厂联系调换

山东省第一地质矿产勘查院
山东省地矿局富铁矿找矿与资源评价重点实验室
山东省富铁矿勘查技术开发工程实验室

科技成果出版指导委员会

主　任：金振民
副主任：李建威　张照录
委　员：（以姓氏拼音为序）
　　　　　常洪华　丁正江　高继雷　高明波　金振民
　　　　　李建威　宋明春　王　威　于学峰　张照录

科技成果出版编辑委员会

主　任：常洪华
副主任：李志民　朱瑞法　王玉吉　吕昕冰　谭　庆　彭　凯
委　员：胡彩萍　彭文泉　常洪华　朱立新　徐　蒙　彭　凯
　　　　　王树星　于　超　张新文　高兵艳　宋　亮　张　军
　　　　　韩代成　王　涛　杨时骄　宋津宇　白新飞　赵　彤
　　　　　孙晓涛　王振国　李庆义　朱金晶　高学宗　翟立民
　　　　　马殿光　戚树林　梁云汉　张　攀　赵明杨　胡艳春
　　　　　李　佳　司维兵　张　超　孔媛政　许传杰　单吉成
　　　　　赵　辉　宋曙光　朱淑芹　孙　鹏　邵　震　张　馨

前 言

  济南岩体处于济南市中心,该区特殊的地形地貌、地质构造条件,不仅形成了蜚声中外的趵突泉、黑虎泉、珍珠泉、五龙潭四大泉群,在岩体边缘附近还形成了丰富的地热、矿泉水、铁矿等矿产资源。同时,济南辉长岩体作为华北克拉通东部基性岩类的典型代表,研究其形成时代及成因对了解华北克拉通东部的地质演化历史具有重要意义。

  济南岩体作为地热、矿泉水、铁矿等矿产资源的重要控制因素,在过去几十年,一直是国内外众多学者的重要研究对象。特别是近 10 年来,地勘单位和科研院所利用财政资金或社会资金在岩体附近开展了大量的勘查和研究工作,对济南岩体形成、展布及周边水文地质条件有了初步认识,认为济南岩体与周边地热、矿泉水、铁矿等重点矿产资源的形成存在密切联系,但对于其赋存规律、成矿模式和形成机理尚未展开系统研究,使得勘查靶区选定带有一定盲目性,井位确定依据缺乏科学性,勘查风险较高,可能造成极大的资金浪费。

  山东省第一地质矿产勘查院自 20 世纪五六十年代开始,在济南岩体及周边开展了大量的矿产勘查、地热勘查、水文勘查、物探勘探、遥感地质解译等工作,积累了丰富的基础地质以及地热、矿泉水、铁矿等矿产地质资料。本次研究总结梳理了前人资料,在分析济南岩体形态特征、形成期次、矿物成分以及地热、矿泉水、铁矿等资源的赋存条件、分布规律和矿床特征等的基础上,结合近几年开展的矿产资源综合调查以及样品采集测试分析等工作,对济南岩体特征及成矿规律获得了新认识:提升了对济南岩体成因的认知,构建了济南岩体周边的地热成因模式,丰富了研究区地热成因机制的认识,完善了矿泉水成因的研究,深化了该区铁矿成因机制。在综合研究的基础上,探讨了岩体对上述矿产资源形成的控制作用,研究了其形成机理,分析了矿产成因,总结了成因类型并建立了成矿模式,依据其形成机理和成矿模式针对济南岩体及周边开展了成矿预测,为指导类似地质条件的地区地热、矿泉水、铁矿等矿产的勘查与综合利用提供了重要参考依据。

  本书成果为济南市新旧动能转换先行区、济南国际医学科学中心、济南临港经济开发区等多个功能新区的清洁能源和城市应急优质水的勘查开发提供了重要指导,对于泉城济南的绿色健康发展具有重大社会意义。

  本书在编写过程中得到了山东省地质矿产勘查开发局、山东省第一地质矿产勘查院的大力支持,济南市自然资源和规划局、山东省地矿工程勘察院、山东省地矿工程集团有限公司、山东省地质调查院、山东省地质科学研究院等单位提供了许多帮助,对此一并表示衷心的感谢!

  鉴于作者水平及掌握的数据资料等的限制,本书难免存在不足与疏漏之处,敬请读者批评指正。

著 者

2022 年 1 月

目 录

第一章 绪 论 ·· (1)
  第一节 研究历史 ·· (1)
  第二节 研究现状 ·· (2)
  第三节 济南岩体的研究意义 ·· (4)

第二章 地质背景 ·· (6)
  第一节 地 层 ·· (6)
  第二节 构 造 ·· (31)
  第三节 岩浆岩 ··· (40)
  第四节 地球物理场特征 ·· (43)
  第五节 遥感特征 ·· (45)

第三章 济南岩体 ·· (51)
  第一节 济南岩体形成背景 ··· (51)
  第二节 济南岩体序列 ··· (58)
  第三节 济南岩体形态特征 ··· (75)
  第四节 济南岩体岩浆演化规律 ·· (81)

第四章 济南岩体周边矿产资源 ··· (87)
  第一节 地热资源 ·· (87)
  第二节 矿泉水资源 ·· (111)
  第三节 铁矿资源 ··· (122)
  第四节 其他矿产资源 ··· (143)

第五章 成矿机理研究 ·· (145)
  第一节 地热成矿机理 ··· (145)
  第二节 矿泉水成矿机理 ·· (154)
  第三节 铁矿成矿机理 ··· (166)

第六章 济南岩体找矿预测 ·· (175)
  第一节 地热资源预测 ··· (175)
  第二节 矿泉水资源预测 ·· (176)
  第三节 铁矿资源预测 ··· (178)
  第四节 找矿实例分析 ··· (179)

第七章 结论与展望 ··· (181)
  第一节 结 论 ·· (181)
  第二节 展 望 ·· (183)

主要参考文献 ·· (185)

第一章 绪 论

济南岩体及周边地区,是济南市政治经济文化中心区,更是国家级开发区——山东省新旧动能转换先行区、济南国际医学科学中心、济南国际医疗康养名城所在地,济南岩体也是华北地区典型的中生代岩浆岩侵入体,岩浆活动对矿产资源形成具有重要的控制作用,因此济南岩体特征与成矿规律研究能为新旧动能转换和地区社会经济发展提供坚实的地质支撑。

第一节 研究历史

济南辉长岩体位于华北克拉通,是我国东部和华北岩浆岩活动带的一个典型基性侵入体,多年来吸引了无数中外地质、矿产专家及科研、教学、生产单位来本区进行调查研究,按研究程度不同可将以往地质调查研究划分为3个阶段。

第一阶段(1958年以前)以零星地质调查为特征。外国人李希霍芬、威理士、布勒克维尔德、罗润滋、巴尔特等,都曾对济南岩体进行过阐述和研究(孙鼐等,1958)。威理士、布勒克维尔德和罗润兹等在这里做过短期的工作,并收集了一些标本。1921年谭锡畴也曾在本区对岩体进行过概略描述。1949年后,南京大学师生曾到这里进行过教学实习和生产实习。1956年孙鼐、王德滋对济南辉长岩体的岩石学特征进行了较深入的研究,著有《济南辉长岩及伟晶岩的研究》,提出岩体愈下愈大,其产状是半深成相的岩干。

第二阶段(1958—1979年)为系统地质调查阶段。中华人民共和国成立后,地质矿产调查及开发工作得到了空前发展,先后有多个地勘单位和地质院校在本区开展地质矿产调查、普查、勘探及专题研究工作,同时还开展了物探、化探、重砂测量、水文地质测量、环境地质、灾害地质调查及遥感地质调查等工作,形成了大量的地质矿产资料和科技文献资料。1958—1961年北京地质学院与山东省地矿厅联合组队进行了包括本区在内的第一轮1∶20万区域地质测量工作,对区内地层、岩浆岩、变质岩及矿产等进行了系统研究,建立了区域构造格架,为区内基础研究奠定了基础。1960年,黄春海在《济南地质的研究》一文中对该辉长岩体也进行了讨论。此外,山东省地质局八〇一队和济南市自来水公司为了查明济南地区的水文地质情况,在济南市区的东部和南部,施工过多眼水文钻孔,对辉长岩体的埋藏深度和厚度有了概略了解。1964年,地质队对岩体进行了分析研究,以无影山为重点对辉长岩的地表露头部分进行了不同程度的地表地质观察和研究,对南起无影山北至药山、西起匡山东到凤凰山的区域进行了地质测量工作。1965年,山东省地质局八一六队对济南辉长岩进行了研究,李昶绩等编写完成了《济南辉长岩初步研究报告》。

第三阶段(1980年至今)为深入调查阶段。经过几十年的地质调查和矿产勘查工作,地质找矿工作转向总结成矿规律、进行成矿预测、寻找新的矿产。新理论、新方法得以应用,各地勘单位注重与物化探、重砂及遥感等手段的配合,取得了显著的成绩。1986—1995年,多个科研及生产单位在本区及周边完成了1∶20万新泰幅、泰安幅、济南幅和禹城幅区调、重砂测量、化探测量,对该区地层、构造、岩浆岩进行了系统的研究,确立了岩石地层单位划分、侵入岩侵入序列、构造地质时间表等,对济南岩体形成时代背景、岩性特征及空间展布特征有了更深入的了解。山东省地矿局铁矿区划组和第五地质队对鲁西地区沉积变质型铁矿及济南地区接触交代型铁矿进行了成矿规律研究和成矿预测(1980)。1988年,山东省地矿局物探队先后编制了1∶20万和1∶50万航磁平面图、1∶100万重力图,对济南地区重磁资料进行了综合研究。1988年,山东省地矿局第一水文地质队完成了济南市城市编图及济南市保泉供水地质勘查工作;山东省地矿局第一地质队、山东省地质学校、山东省地质科学研究所等单位先后完成了相邻图幅的1∶5万区域地质调查工作。1979—1981年,山东省地矿局先后完成了1∶20万济南幅、泰安幅综合水文地质调查与编图工作。1989年,山东省地矿局八〇一队等单位提交了1∶5万《济南市保泉供水水文地质勘探报告》和《济南市保泉供水水文地质勘探水质模型报告》。1990年,汤立成等研究了济南辉长岩体并在《地质论评》期刊中发表了《论济南辉长岩体的产状》;山东省地矿局第一水文地质队提交了《济南白泉-武家供水水源地水文地质勘探报告》。1993年,山东省地矿局八〇一队完成了《济南泉域西郊岩溶水系统水力联系研究报告》。1980年,山东省地矿局第一水文地质队提交了《济南地区地下水污染现状调查报告》。1986—2000年,山东省地质环境监测总站提交了《济南市地质环境监测报告》。2008年,山东省地质调查院完成了《济南城市地质调查》。2014—2016年,山东省地质调查院完成了《济南市、兴隆村、齐河县、历城区幅区域地质调查》,对区内中生代辉长岩体的生成演化进行了研究,探讨其与古生代地层的空间关系以及与泉城自然泉群的内在联系。

第二节 研究现状

自20世纪20年代以来,众多地质工作者不同程度地研究论述了济南岩体的岩石学特征以及它们的期次关系和形成时代。

一、济南岩体形成背景的研究

济南辉长岩体的形成时代一直是众多学者争论的问题。目前对其形成时代大体有三种意见:一是认为该岩体形成于印支期;二是认为该岩体形成于海西期—燕山期;三是认为该岩体形成于燕山期。

1990年,汤立成、刘洪杰编写了《论济南辉长岩体的产状》,认为岩体形成时代可从两方面分析:一是根据岩体和沉积地层接触关系,在岩体东北角,辉长岩体切穿晚二叠世沉积地层,按照宜昌地质研究所和哈兰、考克斯采用的年龄值,二叠纪年代上限为250Ma和248Ma,故岩体形成时代至少应小于248Ma。二是根据同位素年龄数据,其中K-Ar法测定结果为276~164Ma,Sm-Nd等时线测定结果为247Ma,此两法测定结果基本上都落在印支期—燕山早期时间范围内。

1991年,山东省地矿局编制了《山东省区域地质志》,并将济南岩体形成时代确定为印支期。

1992年,李昶绩根据已有的K-Ar年龄数据,尤其是根据Sm-Nd等时线年龄,并结合构造控制和侵入围岩等依据,认为济南辉长岩体形成时间应是印支期或印支期—燕山早期。将本区侵入岩分为印支期—燕山早期和燕山晚期两期。

2001年,闫峻等通过采集济南辉长岩体的几个样品,对全岩和矿物的Sr、Nd同位素组成作分析,最终认为济南辉长岩体的同位素参考等时线年龄为$(144±25)$Ma,同位素比值构不成好的线性排列的原因可能为岩石结晶时处于同位素不平衡状态。

2005年,杨承海等对药山、鹊山和华山辉长岩中30粒锆石以及匡山辉长岩中11粒锆石进行了LA-ICP-MS U-Pb年龄测定,结果表明30个测定点的$^{206}Pb/^{238}U$年龄主要集中在142~124Ma之间,其加权平均值为$(130.8±1.5)$Ma,11个测定点的$^{206}Pb/^{238}U$加权平均值为$(127±2)$Ma,表明岩浆岩的侵位结晶年龄为早白垩世。

2012年,钟军伟、黄小龙认为鲁西北部地区的淄博和临朐辉长闪长岩的锆石原位U-Pb定年分析显示,它们分别形成于$(128±2)$Ma和$(132±1)$Ma,与鲁西早白垩世大规模岩浆活动时间一致,是华北克拉通岩石圈减薄过程的岩浆活动产物。

2014年,山东省地质调查院完成1∶5万济南市幅、兴隆村幅、齐河县幅、历城区幅区域地质调查报告,对济南辉长岩体的岩石学、岩石化学、地球化学、年代学、同位素地球化学特征、形成环境、成因及就位机制进行了详细研究,对济南辉长岩体进行了岩浆序列划分,并结合最新锆石LA-ICP-MS U-Pb测年加权平均年龄(130Ma左右)将其归属为早白垩世燕山晚期。

2016年,丁相礼等通过济南辉长岩体的橄榄石化学组成、熔体包裹体主量元素及Pb同位素组成,结合前人已发表全岩主微量元素和同位素数据,对济南辉长岩体岩浆演化过程得出如下认识:①济南辉长岩体由硅不饱和岩浆逐渐演化为硅饱和岩浆,演化过程中岩浆体系不是封闭的,有下地壳长英质熔体的加入;②熔体包裹体Pb同位素较全岩更靠近EMⅡ,尤其是高MgO的熔体包裹体,表明全岩Pb同位素受到了地壳混染,因此济南辉长岩体的地幔源区有EMI和EMⅡ,但岩体遭受同化混染后掩盖了EMⅡ的贡献。

二、济南岩体形态特征的研究

关于济南辉长岩体的形态特征也存在不同观点,主要有两种观点,一种认为济南岩体主要为岩盆,另一种认为济南岩体主要为岩盖。

1958年,孙鼐、王德滋对济南辉长岩体的岩石学特征、形态特征进行了较深入的研究,著有《济南辉长岩及伟晶岩的研究》,提出济南岩体是半深成相岩干,现出露部分只是岩干上部突尖的小型岩穹,岩体愈下愈大。

1965年，山东省地质局八一六队编写了《济南辉长岩初步研究报告》，该报告通过野外地质调查、样品化验分析等工作，对济南辉长岩体的规模和产状、岩性特征、岩相分异、化学成分等有了进一步的认识，认为济南岩体是自北西方向侵入的，属中深成相的基性侵入体，其产状是一个SW-NE向延长的向NW方向倾斜的岩盆。在岩盆的北东和南西两端，有两个突出的"岩峰"，即无影山"岩峰"和卧牛山"岩峰"。

1990年，汤立成、刘洪杰综合研究了济南辉长岩体地表露头、钻探、地面和航空磁测、重力等方面的地质资料。从区域地质条件到辉长岩体的平面形态、岩体的水平岩相、岩体与围岩侵入接触构造形态、岩体底面形态、形成时代、剥蚀深度、侵入深度等因素进行深入分析，认为济南辉长岩体属于浅成至半深成相，为向北倾伏和延伸的巨型岩镰，是自北向南主动侵入的侵入体。

1992年，李昶绩在《济南—邹平地区侵入岩期次划分之我见》一文中，认为济南辉岩体形态为椭圆形，规模约为400km^2，产状为大型岩镰。

2014年，山东省地质调查院结合物探、钻探及野外实际资料圈划出了济南序列的边界：其总体为一自北向南侵入、略向北倾的巨型岩镰，中心在新徐庄—桃园一带，其北以田家庄—南车—桑梓店为界，西以十里—七里铺东—小金庄为界，南以大杨庄—白马山为界（至五龙潭后为千佛山断裂所截切），东以泉城路—燕翅山为界（至姜家庄后为东坞断裂所截切），后经济钢—王舍人至坝子后呈楔子状尖灭，其在济钢一带形态较复杂，平面形态总体呈不规则椭圆状，构成穹隆构造。

第三节　济南岩体的研究意义

济南岩体作为济南市城区重要的地质体，其重要的学术价值一直备受学者重视。20世纪50年代以来，济南岩体及周边铁矿、地热、矿泉水等矿产资源勘查工作不断增加，对岩体岩浆侵入期次、重力分异、气液成矿、形态控矿等方面的研究工作不断深入，同时在侵入时间和期次方面也获得了一些新证据，这些成果都为济南岩体成因及周边成矿机理的研究奠定了坚实基础。

一、提升对中生代侵入岩侵入规律和特征的认识

济南岩体在大地构造位置上处于华北板块鲁西隆起区的鲁中隆起带，济南岩体形成于白垩纪早期已被广大学者认可，部分学者认为其由太平洋板块俯冲挤压、华北板块拆沉熔融、华北克拉通东部减薄、岩浆热液沿齐河-广饶深大构造（薄弱带）上涌沿软弱层大规模上侵并熔融围岩形成，但缺乏有关的直接证据。

济南岩体岩浆侵入由早期到晚期，矿物成分表现为铁镁矿物递减、长英质矿物递增的演化规律，演化的主要趋势是含苏橄榄辉长岩—辉长岩—闪长岩—辉石二长岩，表现为明显的

基性岩向中酸性岩演化的特点。由早期到晚期，SiO_2、全碱、AR、A/CNK 逐渐增加，全铁、MgO 含量逐渐降低。根据 Nd 同位素比值和 $^{206}Pb/^{204}Pb$ 比值，认为研究区侵入体包含了明显的下地壳物质信息，为源区混合或者岩浆上升侵位过程中的同化混染。

济南岩体整体呈镰状，岩体北厚南薄，根据现今厚度可分为岩被、岩颈、岩根三部分。

二、为研究周边矿产成因奠定基础

近年来，对济南岩体边缘附近地热、矿泉水等矿产资源进行勘查时发现，按照正常的成热理论选定井位施工的地热井，有的地段地下水温度并不理想，还有的甚至达不到地热水最低标准温度（25℃），并且水量较小；有的地段地质条件与周围无异，盖层厚度也仅有几百米，但热储温度近 50℃，热储富水性极好，每小时出水量达到百余立方米，常规成热理论难以解释。岩体周边有的地段形成了优良的锶、偏硅酸型矿泉水，条件类似的其他地段，成井之初地下水硫化氢味道极浓，达不到饮用水标准。

通过分析济南岩体特征，深入刻画岩体整体和深部形态，初步总结矿物质来源和富集规律，预测成矿范围和资源潜力，形成系统研究成果，以此指导该区勘查找矿，将避免勘查靶区选定的盲目性，提高井位优选的科学性，大大降低勘查工作风险。

基性岩浆上升后，所处的物理、化学环境改变，温度、压力降低，熔点高、相对密度大的矿物开始结晶下沉，岩浆逐渐凝固构成辉长岩体。由于辉长岩的凝固，岩浆热液中 SiO_2 相对富集，岩浆略变酸性。当温度、压力继续下降，熔点较高、相对密度较小的矿物也相继结晶凝固，因而形成分层现象，中心部分为辉长岩，上部和边缘部分为辉长闪长岩-闪长岩。岩浆携带了大量金属元素，含矿热液上升过程中在合适部位与围岩交代富集成矿。此即为济南岩体气液成矿、形态控矿机理。

三、为山东省新旧动能转化提供地质基础和资源保障

党的十九届五中全会提出的能源安全、绿色发展、生态文明建设都需要地质工作支撑，因此加大地质勘查工作力度，是社会经济发展的需求。矿产资源和新能源也是山东省经济和社会发展的基础保障，济南岩体与周边矿产资源形成有着密切的联系，应加强对济南岩体特征及成矿机理的研究，从地质基础研究中凝练基础科学问题，以应用研究带动基础研究，不断完善济南岩体特征及成矿机理，指导研究区地质勘查和找矿工作，为新旧动能转化区规划及综合开发利用提供地质基础和科学依据。

本次研究估算了区内矿产资源量，采用有效手段预测了进一步工作的靶区和矿产资源潜在分布范围，为新旧动能转换区提供了资源储备，优化了资源保障体系，符合基础设施先行、生态环境先行、绿色城市建设的要求。以矿泉水作为优质地下水、地热作为绿色清洁能源，将为大力推动新旧动能转换、打造综合试验区的样板、建设全国重要的科技产业创新基地、创建国际一流的现代绿色智慧新城提供资源保障，为新旧动能转换区社会经济发展提供资源保障。

第二章 地质背景

第一节 地 层

研究区位于济南市中西部,区内地层以华北地层区鲁西和华北平原地层小区为主,研究区北部被新生代地层覆盖,南部有少量基岩裸露,主要为早古生代奥陶纪和寒武纪碳酸盐岩地层。区内地层由老到新依次分述如下(图2-1)。

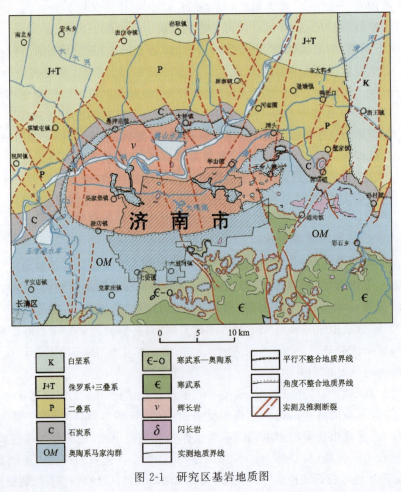

图2-1 研究区基岩地质图

一、早古生代寒武纪—奥陶纪地层

寒武纪—奥陶纪地层分布在研究区南部，主要为一套厚度达1800m的海相碳酸盐岩沉积建造，以灰岩、白云岩为主，次为页岩及少量砂岩，与之有关的金属、非金属矿产丰富。地层内含丰富的三叶虫、头足类、角石类及牙形石化石。牙形石发育在寒武纪中期至奥陶纪，是划分寒武系与奥陶系的重要依据。

寒武纪—奥陶纪地层可划分为长清群、九龙群和马家沟群3个群，朱砂洞组、馒头组、张夏组、崮山组、炒米店组、三山子组、东黄山组、北庵庄组、土峪组、五阳山组、阁庄组、八陡组12个组（表2-1）。

表 2-1 研究区早古生代寒武纪—奥陶纪地层表

年代地层			岩石地层		地层厚度/m	地质特征
界	系	统	群	组	代号	
下古生界	奥陶系	上统	马家沟群	八陡组	$O_{2-3}b$	145~189	深灰色、灰黄色中厚层微晶灰岩及藻屑粉晶灰岩为主，夹少量灰质白云岩及白云质灰岩
		中统		阁庄组	O_2g	24~142	黄灰色中薄层粉晶白云岩及细晶白云岩
				五阳山组	O_2w	118~369	灰色中厚层泥晶灰岩、云斑灰岩夹中薄层白云岩为主，中下部灰岩中含燧石结核
				土峪组	O_2t	40~74	土黄色、紫灰色中薄层微晶白云岩为主，夹中层喀斯特化角砾岩
				北庵庄组	O_2b	200~355	灰—深灰色中薄层微晶灰岩、厚层豹皮状灰岩为主，中上部夹少量白云岩及泥质白云岩
				东黄山组	O_2d	9~40	黄灰色、黄绿色薄层泥质条带白云岩及泥质灰岩，顶部膏溶现象发育，底部为复成分细砾岩
		下统	九龙群	三山子组	ϵ_4O_1s	37~231	褐灰—灰白色中厚层状白云岩，上部含有较多燧石结核及条带
	寒武系	芙蓉统		炒米店组	$\epsilon_4O_1\hat{c}$	169~276	灰色薄层泥质条带灰岩，生物碎屑、砾屑灰岩及中厚层竹叶状夹鲕状灰岩，局部发育柱状叠层石
				崮山组	$\epsilon_{3-4}g$	50~115	竹叶状灰岩—薄层灰岩—页岩反复叠置而成
		第三统		张夏组	$\epsilon_3\hat{z}$	118~217	厚层鲕状灰岩、叠层石藻礁灰岩、藻凝块灰岩及黄绿色页岩、薄层灰岩等
			长清群	馒头组	$\epsilon_{2-3}m$	164~309	灰紫—紫红色粉砂质页岩、长石石英砂岩及黄绿色页岩夹云泥岩、泥灰岩、鲕状灰岩
		第二统		朱砂洞组	$\epsilon_2\hat{z}$	10~30	灰白色厚层含燧石结核和条带白云岩夹薄层泥岩、灰质白云岩、藻纹层白云岩

由于沉积环境和地层特征的差异,以怀远间断为界,可将研究区内寒武纪—奥陶纪地层分为上、下两部分,即上部为以奥陶纪灰岩夹白云岩为主的地层系统,下部为以寒武纪灰岩、页岩夹砂岩为主的地层系统。

怀远间断之上早奥陶世—晚奥陶世地层:这个阶段的沉积属陆表海相碳酸盐岩建造,发育下—中奥陶统,上奥陶统不发育。该套地层在区域内分布非常稳定,一般具有大套白云岩与灰岩相间出现的六分性,即马家沟群的6个组。

(一)长清群

长清群处于寒武系下部,与下伏泰山岩群呈不整合接触,由东南向西北超覆于前寒武纪变质基底之上,其上与九龙群呈整合接触,总厚度500余米。长清群属陆表海碎屑岩-碳酸盐岩建造,依其岩石组合特征自下而上划分为朱砂洞组及馒头组。

1. 朱砂洞组($\epsilon_2 z$)

朱砂洞组自下而上可划分为下灰岩段、余粮村页岩段、上灰岩段及丁家庄白云岩段4个岩性段。由于受海侵的影响,各段分布范围不一致。济南地区主要分布丁家庄白云岩段,为一套灰白色厚层含燧石结核和条带白云岩,夹薄层泥岩、灰质白云岩、藻纹层白云岩,厚度在10~30m之间。

1)基本层序特征

研究区内朱砂洞组发育1种基本层序,即由厚层含燧石结核角砾状白云岩变为薄层泥质白云岩,向上厚层状白云岩层厚逐渐变薄,薄层状白云岩逐渐变厚,为退积型准层序组。

2)地质特征及区域变化

研究区内仅发育丁家庄白云岩段,以一套含燧石结核、条带白云岩夹泥质白云岩、灰质白云岩为主,局部见滑塌角砾岩,发育水平层理及缝合线构造。其底角度不整合于早前寒武纪变质基底岩系之上,顶以泥质白云岩、含燧石结核白云岩结束,大面积的紫红—砖红色页岩、纹层状泥云岩出现为划分标志,与馒头组石店段为整合接触。区域上(图2-2),丁家庄白云岩段以富含燧石结核、条带为特征,不同地段岩性组合基本相当,在与变质基底接触界线附近均发育厚度不一的底砾岩。在小岭村一带,该段厚度达到最大,向两侧东、西方向逐渐变薄,在馒头山长清地区厚度仅12.66m。该厚度变化可能与岩相古地理有关。

2. 馒头组($\epsilon_{2-3} m$)

馒头组总体以紫红色、砖红色页岩及中粒长石石英砂岩为标志,与下伏朱砂洞组及上覆张夏组均呈整合接触。馒头组由下而上划分为石店段、下页岩段、洪河砂岩段、鲕粒灰岩层及上页岩段。

石店段是馒头组中泥云岩、云泥岩及灰岩、白云岩成分含量较高的地层单位,岩性组合及岩石颜色较杂,总体上以薄层灰质白云岩、白云质灰岩夹泥云岩、云泥岩为主。

下页岩段岩性以紫红色、砖红色、肝紫色粉砂质页岩为主,夹3~4层厚层核形石、生物碎屑灰岩。

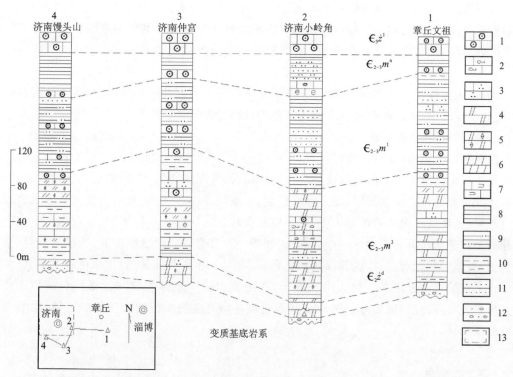

1.鲕粒灰岩；2.条带状灰岩；3.石英砂屑灰岩；4.白云岩；5.亮晶白云岩；6.泥云岩；7.云斑灰岩；
8.页岩；9.粉砂质页岩；10.泥岩；11.细砂岩；12.砂砾岩；13.研究区范围

图 2-2 长清群朱砂洞组、馒头组柱状对比图

洪河砂岩段主体为灰紫色中薄层细砂岩，厚度较薄，仅有 3m 左右，在地质图上难以表示，暂将其跟上页岩段合并表示。

上页岩段以黄绿色、灰紫色钙质页岩为主，夹多层薄层鲕粒灰岩、生物碎屑灰岩，与张夏组下灰岩段鲕粒灰岩、洪河砂岩段之间均为相变关系。

馒头组地层总厚度大于 200m，最大厚度约为 309m。

1) 基本层序特征

馒头组自下而上发育 6 种基本层序。

(1) 灰黄色、灰绿色泥质白云岩—砖红色页岩组成的向上水体变深的基本层序，向上泥质白云岩逐渐变薄、页岩逐渐变厚，为退积型准层序组。

(2) 灰黄色薄层泥质白云岩—杂色（灰红色、灰黄色、浅灰色）薄层（偶为厚层）泥质白云岩，二者比例为 2:1，其组成的韵律型基本层序，为加积型准层序组。

(3) 灰黄色厚层灰岩—灰黄色（灰红色）厚层白云岩组成的向上水体变浅的基本层序，向上水体变浅，颜色变杂、变红，灰岩层逐渐变薄，白云岩层逐渐变厚，为进积型准层序组。石店段整体为潮坪环境沉积，由下部的深潮下带—潮上带以及上部的潮间带—潮上带组成。

(4) 灰紫色页片状粉砂岩、细砂岩—灰色厚层含生屑鲕粒灰岩组成的向上粒度变粗、水体变浅的基本层序，整体为向上生屑鲕粒灰岩逐渐变薄的退积型准层序组。下页岩段整体由灰绿色、灰紫色页片状粉砂岩组成的潮下带沉积及生屑鲕粒灰岩组成的潮间带组成。

(5)中细粒砂岩—泥质粉砂岩组成的基本层序,整体为向上中细粒砂岩夹层逐渐变多、泥质粉砂岩变少的进积型准层序组,晚期为泥质粉砂岩逐渐变多的退积型准层序组。研究区缺失洪河砂岩段,就岩性组合类型来说,上页岩段的部分层位与洪河砂岩段类似,但整体粒度偏细。

(6)由灰色厚层含生物碎屑鲕粒灰岩—灰绿色钙质页岩组成的向上水体变深的基本层序,向上水体变深,页岩由灰紫色变为灰绿色,为退积型准层序组。

2)地质特征及区域变化

馒头组以突出的紫红色、砖红色色调明显区别于下伏和上覆以白云岩、灰岩为主的朱砂洞组及张夏组。馒头组下部石店段岩性以薄层泥云岩、泥灰岩为主,夹多层生物屑灰岩,局部地段还发育有白云质鲕状灰岩;发育藻席纹层、小型帐篷构造、泥裂及石盐假晶。下页岩段岩性以灰紫色、紫红色粉砂质页岩为主,夹厚层状颗粒灰岩(鲕状、生物屑、核形石、砂屑等)。在底部的紫红色易碎页岩中发育石盐假晶、泥裂等。上页岩段岩性以细砂岩、粉砂岩、粉砂质岩为主,夹厚层颗粒石灰岩,底部以灰紫色色调为主,上部多夹灰黄色、灰绿色钙质页岩,灰岩夹层较下页岩段明显增多。馒头山剖面上,在上页岩段中上部发育一层褐红色鲕粒赤铁矿层,《山东省岩石地层》称其由一次小的间断造成。研究区馒头组缺失洪河砂岩段,由东至西厚度逐渐变薄。

(二)九龙群

九龙群是跨系的岩石地层单位,属中寒武统—下奥陶统。九龙群主要由碳酸盐岩组成,与上覆马家沟群平行不整合接触,与下伏长清群整合接触,地层厚度1000余米。依其岩石组合特征自下而上划分为张夏组(灰岩)、崮山组(页岩)、炒米店组(灰岩)、三山子组(白云岩)。与长清群浑水沉积不同,九龙群是清水沉积组合,由陆地边缘相—台地相的封闭、半封闭环境,变为台地边缘相的开阔海相沉积。

1. 张夏组($\epsilon_3 z$)

张夏组在济南地区分布广泛,主要岩性为厚层鲕状灰岩、叠层石藻礁灰岩、藻凝块灰岩及黄绿色页岩、薄层灰岩等。底以页岩或砂岩结束、大套鲕粒灰岩出现划界,与馒头组整合接触;顶以厚层藻屑鲕粒灰岩结束,薄层砾屑灰岩夹页岩出现划界,与崮山组整合接触。在张夏组底部发育有紫褐色含赤铁矿生物碎屑砂屑灰岩,并发育晶洞构造。局部地段底部还见有砾屑灰岩,砾石来自下部层位的钙质细砂岩,表明底部有短期暴露及剥蚀。张夏组自下而上划分为下灰岩段、盘车沟页岩段及上灰岩段。

下灰岩段以灰色厚层鲕粒灰岩、云斑灰岩为主,夹少量藻丘灰岩、生物碎屑灰岩等,底部岩石中常含海绿石,常具黄灰色泥质条带或团块,层型剖面厚115m,与下伏馒头组整合接触,与上覆上灰岩段整合接触。区域上岩性稳定,横向变化较小。从其岩性组合看属台地边缘滩相沉积环境,水体动荡,能量较高。

盘车沟页岩段,自西向东厚度渐次变薄,尖灭点在章丘埠村和尚帽至北峪大顶一线。

上灰岩段以厚层藻礁灰岩为主,夹少量鲕粒灰岩、薄层生物碎屑灰岩、藻屑灰岩、鲕粒灰岩、薄层泥晶灰岩组合,据岩性组合分析,其形成于浪基面附近的高能环境,属台地边缘礁滩相沉积。张夏组地层总厚度118~217m。

1)基本层序特征

张夏组自下而上发育4种基本层序。

(1)灰色厚至巨厚层云斑藻屑灰岩—灰色厚层鲕粒灰岩组成的向上水体变深的基本层序,向上藻屑灰岩逐渐变薄,鲕粒灰岩逐渐变厚,为退积型准层序组。

(2)灰色厚层藻灰岩与厚层鲕粒灰岩组成的基本层序,向上鲕粒灰岩逐渐变厚、水体变浅,为进积型准层序组。

(3)灰色厚层藻丘灰岩与灰色厚层藻灰岩组成的基本层序,为加积型准层序组。

(4)灰色厚层含生物碎屑鲕粒灰岩—灰色厚层藻灰岩组成的基本层序,向上藻灰岩逐渐变厚,为退积型准层序组。

(5)黄褐色薄层链条状含云斑含生物碎屑细晶灰岩—厚层状含生物碎屑细晶灰岩组成的向上层厚变薄、水体变浅的基本层序,整体向上厚层灰岩逐渐变厚,为进积型准层序组。张夏组为高能鲕粒滩—中浅缓坡(礁滩)相—高能鲕粒滩(潮间带)的沉积环境,反映了水体由浅—深—浅,水动力环境由强—弱—强的沉积特征。

2)地质特征及区域变化

张夏组以发育厚层—巨厚层鲕粒灰岩、藻灰岩为特征,明显区别于上覆和下伏的崮山组及馒头组,野外易于识别。据岩性组合特征,张夏组自下而上发育两个段:下灰岩段以灰色厚层鲕粒灰岩为主,夹少量藻凝块灰岩及生物碎屑鲕粒灰岩,下部常含有海绿石,发育缝合线及雹痕等沉积构造;上灰岩段以厚层藻灰岩为主,夹少量鲕状灰岩、薄层生物碎屑灰岩,晚期出现云斑灰岩。

研究区缺失深水盆地相的盘车沟页岩层位,且基本未见页岩夹层,说明该区未经历水体较深的陆棚盆地沉积,距离陆棚盆地较远。张夏组厚度变化与长清群馒头组相似,由东至西厚度逐渐变薄,鲕粒灰岩、云斑灰岩逐渐增多(图2-3)。

2. 崮山组($\epsilon_{3-4}g$)

崮山组以黄绿(夹紫红)色页岩、灰色薄层疙瘩状—链条状(瘤状)灰岩、竹叶状灰岩互层为主,夹蓝灰色薄板状灰岩和砂屑灰岩。以厚层灰岩结束、薄层砾屑灰岩夹页岩出现为其底界,以页岩结束为其顶界。崮山组与上覆炒米店组及下伏张夏组均呈整合接触。

崮山组总体上由碎屑灰岩—薄层灰岩—页岩3类岩石反复叠置而成,靠近顶部页岩逐渐减少,当页岩消失时则过渡为炒米店组。因此,崮山组与炒米店组呈相变过渡关系。崮山组地层总厚度50~115m。

1)基本层序特征

崮山组自下而上发育2种基本层序。

(1)灰黄色薄层链条状、疙瘩状生物碎屑灰岩—黄绿色钙质页岩组成的向上粒度变细、水体变深的基本层序,向上灰岩层逐渐变薄,页岩层逐渐变厚,表明其沉积环境近盆地中心,为退积型准层序组。

(2)灰色厚层砾屑灰岩—灰黄色、灰绿色页岩夹薄层链条状(疙瘩状)灰岩组成的向上粒

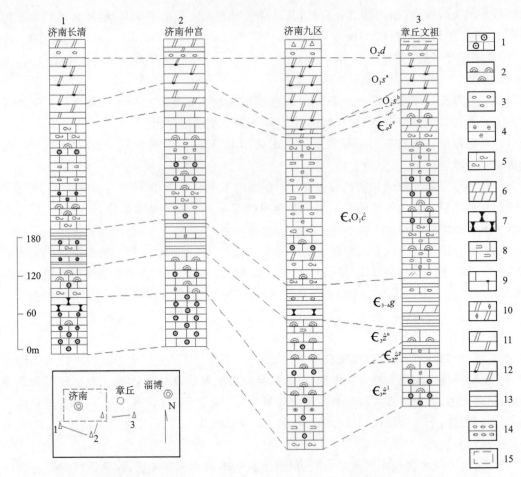

1.鲕粒灰岩；2.藻灰岩；3.砾屑灰岩；4.生物碎屑灰岩；5.条带状灰岩；6.泥云岩；7.瘤状灰岩；8.云斑灰岩；
9.燧石结核灰岩；10.微晶白云岩；11.白云岩；12.燧石结核白云岩；13.页岩；14.砾岩；15.研究区范围

图 2-3　研究区九龙群柱状对比图

度变细的基本层序，向上砾屑灰岩层逐渐变厚且发育红色氧化圈，页岩逐渐变薄，表明其沉积环境为陆棚斜坡，接近盆地边缘，为进积型准层序组。根据剖面可以看出崮山组从底到顶页岩由薄—厚—薄，灰岩则由多—少—多，反映了水体为由浅—深—浅的具有中深缓坡—陆棚盆地—中浅缓坡的沉积环境。

2) 地质特征及区域变化

崮山组以薄层状细碎屑沉积为主，主体岩性为链条状和疙瘩状灰岩、钙质页岩夹砾屑灰岩、鲕粒灰岩等。底以薄层状泥质条带灰岩、钙质页岩出现划界，与下伏张夏组为整合接触；顶以黄绿色页岩结束，与上覆炒米店组亦为整合接触。不同地区崮山组岩性略有差异：在九曲一带，崮山组总体表现为页岩-灰岩-页岩的岩性组合，地层厚度较薄；而在唐王寨层型剖面，则为底部以页岩夹灰岩、顶部为灰岩夹页岩的岩石组合特征，地层厚度较厚。这种岩性组合的差异说明崮山组早期为陆棚盆地—深浅缓坡相沉积，相对稳定，为本次海侵的最大范围，而到了晚期在九曲一带仍然为深水沉积，唐王寨则为中浅缓坡沉积，表明海侵方向总体为由东至西向。结合区域特征，新泰东王庄、章丘埠村崮山组厚度大于100m，向南至枣庄、徐州一带仅 6m,说明本次海侵是由北东至南西方向漫进。

3. 炒米店组($\epsilon_4 O_1 \hat{c}$)

炒米店组岩性以灰色中厚层微晶灰岩、竹叶状灰岩、含生物碎屑灰岩、虫迹灰岩为主,夹云斑叠层石藻礁灰岩,部分竹叶状砾屑具紫红色氧化圈,其上部夹多层"风暴岩"。区内该组顶部为褐灰色中厚层云斑状白云质胶结竹叶状砾屑砂屑灰岩夹黄绿色中薄层泥纹泥晶灰岩和灰质白云岩,虫迹构造发育,局部白云岩化,但白云岩化不完全,其层位应与标准剖面上的三山子组 c 段相当。炒米店组底以页岩结束、大套灰岩出现划界,与崮山组整合接触;顶以灰岩结束、大套白云岩出现划界,与三山子组整合接触。

炒米店组总厚度 169~276m。该组顶部界线具穿时性,在济南地区西部与寒武纪、奥陶纪界线一致,东部在文祖等地位于上寒武统凤山阶中下部。

1)基本层序特征

炒米店组自下而上发育 5 种基本层序。

(1)灰色中薄层链条状、疙瘩状灰岩—灰色中厚层砾屑灰岩组成的向上层厚变厚的基本层序,向上中薄层状灰岩变厚,砾屑灰岩变薄,反映水体逐渐变深,为退积型准层序组。

(2)灰色中厚层砾屑灰岩—中厚层条带状灰岩—厚至巨厚层藻丘灰岩组成的基本层序,向上砾屑灰岩、条带状灰岩逐渐变厚,藻丘灰岩逐渐变薄,水体变浅,为进积型准层序组。

(3)灰色中厚层砾屑灰岩夹条带状灰岩—灰色厚层竹叶状灰岩(风暴岩)组成的基本层序,风暴岩最厚为 1.9m,从底到顶风暴岩由薄—厚—薄,反映了水动力条件由弱—强—弱的变化特征。

(4)灰色中厚层生物碎屑灰岩—灰色中厚层砾屑灰岩组成的水体向上变浅的基本层序,向上生物碎屑灰岩层厚逐渐变薄,为进积型准层序组。

(5)灰色厚层含砾屑生物碎屑灰岩—灰色厚层含云斑(白云质)生物碎屑灰岩组成的向上水体变浅的基本层序,向上生物碎屑灰岩层厚逐渐变薄,云斑生物碎屑灰岩逐渐变厚,为进积型准层序组。炒米店组岩性特征反映了碳酸盐岩台地缓坡相的沉积特征,整体水动力条件较强,水体具由深—浅—深—浅的变化特征。

2)地质特征及区域变化

炒米店组主要岩性为厚层砾屑灰岩、条带状灰岩、云斑灰岩、生物碎屑灰岩夹薄层状亮晶鲕粒灰岩、薄层泥晶灰岩、厚—中厚层藻礁灰岩、藻凝块灰岩及风暴岩等。该组顶部白云质含量明显增高,且区域差异明显:在范庄一带,以砾屑灰岩、云斑灰岩为主;在九曲一带则以砾屑灰岩、生物碎屑灰岩、白云质灰岩及云斑灰岩为主,虫迹构造发育,顶部夹 2 层细晶白云岩;在九曲剖面上,发育多层藻丘灰岩与条带状灰岩组成的韵律旋回层。该组中风暴岩发育,集中分布于中下部层位,且风暴岩由开始到结束,表现为层厚由薄—厚—薄的变化规律,反映了风暴事件所能影响的水体深度由浅—深—浅的特征。炒米店组底部以黄绿色钙质页岩结束,大套砾屑灰岩、条带状灰岩出现划界,与下伏崮山组为整合接触;顶部以云斑灰岩、白云质灰岩结束,中细晶白云岩出现划界,与上覆三山子组亦为整合接触。在部分地段,炒米店组顶部发育细晶白云岩夹层,说明了炒米店组与三山子组之间的过渡关系。该组岩性相对稳定,但厚度变化明显,在九曲、章丘等地厚度明显较厚,厚度可达 263m,在范庄、仲宫厚度则明显减薄,仅 172m,结合区域资料,说明该期海侵方向应为由东至西向。

4. 三山子组(ϵ_4O_1s)

三山子组岩性以褐灰色厚层窝卷状中细晶白云岩及灰白色中厚层细晶白云岩为主,上部含有较多的燧石结核及条带,厚 37～231m。该组为穿时岩石地层单位,自下而上划分为 c 段、b 段及 a 段,c 段大致相当于上寒武统凤山阶,与炒米店组上部岩石呈白云岩化相变关系;b 段、a 段对应的年代地层大致相当于下奥陶统新厂阶及道保湾阶,分别为亮甲山组相变及白云岩化的产物。

三山子组在不同区域发育程度不同,其底界层位变化较大。在东部章丘的文祖东南部广大地区,三山子组发育较全,最低层位的底界大致位于凤山阶中下部;在北西部历城区仲宫、章丘埠村一带,仅发育 a 段、b 段,底界大致相当于寒武系与奥陶系界线。

1) 基本层序特征

三山子组自下而上发育 3 种基本层序。

(1) 三山子组 c 段:由浅灰色中厚层含燧石结核及条带微晶白云岩—厚层含燧石结核条带微晶白云岩组成的韵律型基本层序,二者近等比例增厚,为加积型准层序组。

(2) 三山子组 b 段:由灰黄色中层细晶白云岩—黄灰色厚层细晶白云岩组成的向上厚度变厚的基本层序,向上中层细晶白云岩逐渐变薄,厚层细晶白云岩逐渐变厚,为进积型准层序组。

(3) 三山子组 a 段:由黄灰色厚层含燧石结核条带细晶白云岩—灰黄色厚层中细晶白云岩组成的水体变深的基本层序。剖面由底到顶,前半段为含燧石结核白云岩逐渐变薄、细晶白云岩逐渐变厚退积型准层序组,后半段则表现为含燧石结核白云岩逐渐变厚、细晶白云岩逐渐变薄的进积型准层序组。

三山子组整体由进积—退积—加积—进积型层序组成,为一套局限台地相、深水潟湖—潮坪环境沉积的岩石组合类型。

2) 地质特征及区域变化

研究区内三山子组依据岩性特征可以分为 b 段和 a 段两部分,缺失 c 段。

b 段岩性以中厚层细晶白云岩为主,基本不含燧质结核,底以云斑灰岩、白云质灰岩结束为界,与炒米店组为整合接触,顶以厚层含燧石结核中细晶白云岩出现与 a 段划界,b 段厚 14m 左右。

a 段岩性以黄灰色中厚层、厚层含燧石结核白云岩为主,夹厚层细晶白云岩,顶以"怀远间断"为界,与上覆马家沟群东黄山组为平行不整合接触,厚度可达 108m。

据岩性组合特征,三山子组沉积环境为局限台地潟湖相、潮坪环境沉积,其中 b 段属中深潟湖相沉积,a 段属潟湖相—潮间带沉积,而燧石结核及条带的形成代表水体较浅,有淡水注入,pH 值发生变化,使游离的 SiO_2 沉淀。区域上,该组岩性组合相当,但地层厚度有差异,由东至西,三山子组总厚度基本相当,工作区内 c 段相变为炒米店组上部未完全白云岩化层位,而 b 段则表现为先增厚后减薄,仲宫一带最厚,a 段则为先减薄后增厚,这种变化特征可能反映了该期海侵白云岩化不同层位的结果。

(三) 马家沟群

马家沟群主要分布在济南中部的长清、济南市区、章丘的埠村及文祖等地。其岩性以厚层微晶灰岩及白云岩、泥质白云岩为主,自下而上划分 6 个组,即东黄山组、北庵庄组、土峪组、五阳山组、阁庄组及八陡组。以大套的灰岩及白云岩相间出现为标志。

1. 东黄山组（O_2d）

地层以黄绿色薄层泥质微晶白云岩、土黄色角砾状泥质白云岩和灰色中厚层纹层状微晶白云岩为主,夹少量微晶灰岩和底砾岩,局部见膏溶角砾岩,其次为薄层白云岩和角砾状白云岩,并有滑塌构造,是在水动力条件低而盐度高的环境下形成的,应属潮坪潟湖相沉积。底部底砾岩一般厚 2~3cm,其砾石成分主要是下伏地层中白云岩和燧石,呈棱角—浑圆状,分选较差,砾石间充填有石英砂粒,由钙质或白云质胶结,膏溶角砾岩一般分布于该组的中部,是层序或副层序划分的主要标志。东黄山组地层厚 9~40m。

1）基本层序特征

东黄山组仅发育 1 种基本层序:由灰黄色薄层微晶白云岩—灰黄色中厚层膏溶角砾白云岩组成的向上层厚变厚的基本层序。剖面上,下部层位表现为向上薄层微晶白云岩逐渐变厚的退积型准层序组,上部层位则为薄层微晶白云岩逐渐变薄的进积型准层序组。东黄山组沉积环境属于局限台地潟湖相沉积,深潟湖相沉积以微晶白云岩为主,浅潟湖相则以角砾状白云岩为主,该组水体总体表现为由浅—深—浅的变化特征。

2）地质特征及区域变化

东黄山组岩性以灰黄色细晶白云岩、中厚层角砾状白云岩为主,局部地段上部层位夹厚度不等的灰岩、白云质灰岩。该组地层厚度较薄,且厚度变化不大,一般在 10~20m 之间。东黄山组底以"怀远间断"为界,与下伏三山子组为平行不整合接触,在接触界面不同程度发育有厚 1~3cm 的底砾岩,砾大小不一,呈棱角—次棱角状,砾的成分为白云岩和燧石;东黄山组顶以细晶白云岩基本结束、大套灰岩出现为标志,与上覆北庵庄组为整合接触。研究区东黄山组岩性较单一,厚度较薄,由东至西,厚度有逐渐变薄趋势。

2. 北庵庄组（O_2b）

地层岩性以灰—深灰色中厚层微晶灰岩、厚层云斑（生物扰动）灰岩为主,中上部夹少量薄层白云岩,富含头足类化石。以灰岩的深灰色和云斑构造为该组特征。研究区内该组地层岩性、厚度均较稳定,北庵庄组以灰岩为主,生物扰动强烈,形成于开阔台地之潮间带—潮下带。该组与下伏东黄山组及上覆土峪组均呈整合接触。地层厚度西薄东厚,文祖一带厚 115m,兴隆一带厚 86m。

1）基本层序特征

北庵庄组主要发育 3 种基本层序类型。

(1) 由深灰色厚层微晶灰岩—黄灰色中厚层细晶白云岩组成的向上水体变浅的基本层序，向上微晶灰岩逐渐变厚，细晶白云岩逐渐变薄，为退积型准层序组。

(2) 由灰色厚层云斑白云质灰岩—黄灰色厚层细晶白云岩组成的基本层序，向上云斑白云质灰岩逐渐变薄，细晶白云岩逐渐变厚，为进积型准层序组。

(3) 由灰色厚层微晶灰岩—灰色厚层云斑含白云质灰岩组成的向上水体变浅的基本层序，向上微晶灰岩层厚逐渐变薄，云斑含白云质灰岩逐渐变厚，为进积型准层序组。

北庵庄组沉积环境以开阔台地潮下带—潮间带为主，剖面上见由潮下带—潮间带沉积类型组成的地层重复，反映了水体由深—浅—深—浅的变化规律。

2) 地质特征及区域变化

北庵庄组为马家沟群下部第一个以灰岩为主的岩石地层单位，主要岩性为灰色、灰黄色厚层微晶灰岩、云斑白云质灰岩、厚层细晶白云岩夹生物碎屑灰岩、薄层白云岩等，以深灰色和云斑构造为主要特征。该组出露面积较广，在1∶5万济南幅内该组与其上覆层位组成了区内规模较大的轴向近东西的褶皱构造，在1∶5万兴隆村幅出露厚度较大，可达262m，在历城幅及齐河县幅多为隐伏地质体。该组与上覆土峪组及下伏东黄山组均为整合接触。区域上，该组岩性组合大致相当，白云岩夹层较多，厚度与章丘埠村一致，但较淄川一带明显偏厚，横向变化上，由西向东，明显变薄。

3. 土峪组（O_2t）

地层主体岩性以土黄色、紫灰色中薄层微晶白云岩为主，夹黄绿色薄层泥晶白云岩、膏溶角砾岩，厚度较薄，约10m。见泥裂等暴露标志，膏溶现象普遍发育，沉积环境属局限台地—潟湖相沉积。下与北庵庄组灰岩、上与五阳山组灰岩均为整合接触。

1) 基本层序特征

土峪组自下而上发育2种基本层序类型。

(1) 由灰黄色、灰红色厚层角砾状白云岩—灰红色厚层细晶白云岩组成的韵律型基本层序，两者近等比例增加，为加积型准层序组。

(2) 由灰黄色、灰红色厚层角砾状白云岩—灰红色厚层细晶白云岩组成的向上水体变深的基本层序，向上角砾白云岩层逐渐变薄，细晶白云岩层逐渐变厚，为退积型准层序组。土峪组沉积环境为局限台地—潟湖相，早期沉积湖水较浅，发育有鸟眼、泥裂、石盐和硬石膏假晶等暴露标志，晚期湖水逐渐变深，细晶白云岩变厚，总体反映了水体由浅到深的沉积变化。

2) 地质特征及区域变化

土峪组为马家沟群第二个以白云岩为主的岩石地层单位，主要岩性为灰黄色、灰红色厚层角砾状白云岩、灰红色厚层细晶白云岩，偶夹厚层微晶灰岩。研究区内该组仅在玉岭山一带出露，出露厚度达105.44m，其余均为第四系所覆盖。土峪组底以大套白云岩出现为标志，与下伏北庵庄组为整合接触；土峪组顶以与白云岩基本接触、大套灰岩出现为界，与上覆五阳山组亦为整合接触。区域上，该组岩性组合基本相当，但研究区蟠龙一带明显较厚，与章丘埠村一带相当，向东、向西逐渐减薄，指示蟠龙—章丘埠村可能为潟湖沉积中心。

4. 五阳山组(O_2w)

地层主体岩性为灰色中厚层泥晶灰岩、云斑灰岩，夹中薄层白云岩，中下部灰岩中含燧石结核。该组中下部见喀斯特化角砾岩，厚0.5～1m，但分布不稳定，是重要的暴露标志。据岩石组合分析，五阳山组沉积环境属开阔台地潮间—潮下带沉积，中期有一次水体向上变浅的过程，并有短期暴露。该组地层厚度较大，区内厚度大于200m。五阳山组与下伏土峪组及上覆阁庄组均呈整合接触。该组地层厚度较大，一般厚度均在250m左右。

1) 基本层序特征

五阳山组自下而上主要发育4种基本层序类型。

（1）由灰色厚层含云斑白云质灰岩（单层厚80cm）—灰色厚层云斑白云质灰岩（单层厚100cm）组成的基本层序，向上云斑含量逐渐增多，水体逐渐变浅，为进积型准层序组。

（2）由黄灰色厚层含燧石结核白云岩—灰色厚层云斑状含燧石结核白云质灰岩组成的韵律型基本层序，两者呈近等比例增厚，为加积型准层序组。

（3）由灰色厚层云斑状白云质灰岩—灰色厚层生物碎屑灰岩组成的向上水体变深的基本层序，向上白云质灰岩逐渐变薄，生物碎屑灰岩逐渐变厚，为退积型准层序组。

（4）由灰色厚层微晶灰岩—黄灰色厚层细晶白云岩组成的向上水体变浅的基本层序，总体向上微晶灰岩逐渐变薄，细晶白云岩逐渐增厚，顶部为角砾状白云岩，为进积型准层序组。

2) 地质特征及区域变化

五阳山组为马家沟群第二个灰岩偶夹白云岩的岩石地层单位，以燧石结核和云斑构造为特征，主要岩性为灰色厚层含云斑白云质灰岩、含燧石结核生物碎屑灰岩、微晶灰岩、含燧石结核白云岩及细晶白云岩等。该组中下部层位以含燧石结核云斑灰岩、生物碎屑灰岩为主，中上部则以微晶灰岩、细晶白云岩为主，顶部出现角砾状白云岩，反映了水体由浅—深—浅的沉积环境。其底以大套灰岩出现、白云岩基本结束为界，与土峪组为整合接触；顶以大套白云岩出现、与灰岩基本接触为界，与上覆阁庄组亦为整合接触。研究区内五阳山组燧石结核发育，厚度与章丘埠村一带相当，薄于淄川一带，较青州一带厚。

5. 阁庄组(O_2g)

地层岩性以黄灰色中薄层粉晶白云岩及细晶白云岩为主，厚度24～142m。

阁庄组为马家沟群第三个白云岩岩石地层单位。岩性以灰质微晶白云岩为主，夹白云质灰岩、泥灰岩等，底部为角砾状白云岩。与下伏五阳山组灰岩和上覆八陡组灰岩均呈整合接触。区域上，该组岩性组合相当，在淄川一带厚度较大，向东、向西逐渐变薄。

6. 八陡组($O_{2-3}b$)

地层岩性以深灰色、黄灰色中厚层微晶灰岩及藻屑粉晶灰岩为主，夹少量灰质白云岩及白云质灰岩。灰岩纯度较高，是优质制碱原料。沉积环境属开阔台地潮下—潮间带，后期转入潟湖相沉积。该组地层厚度145～189m。

1) 基本层序特征

八陡组发育由灰色厚层微晶灰岩—深灰色豹皮状含白云质灰岩组成的基本层序。该组下半段表现为微晶灰岩逐渐减薄,豹皮状含白云质灰岩逐渐增厚,为向上水体变浅的进积型准层序组;上半段则为微晶、砂屑灰岩逐渐变厚,豹皮状含白云质灰岩逐渐变薄的退积型准层序组。

2) 地质特征及区域变化

研究区内八陡组为隐伏地质体,地表未见出露,根据钻孔资料,主要分布于1:5万齐河县幅及历城幅,岩性主要为灰色厚层微晶灰岩、云斑状白云质灰岩、砂屑灰岩等。其底与下伏阁庄组为整合接触,其顶部层位在钻孔中与上覆的石炭系本溪组为平行不整合接触。该组厚度约128m。

二、晚古生代石炭纪—二叠纪地层

石炭纪—二叠纪地层主要分布在历城区北部、槐荫区西北部地区,残存在中生代盆地中,主要为一套海陆交互相—陆相沉积建造,地层厚度1000余米。研究区内该套地层大部隐伏产出,仅东部历城区的孙村镇有少量出露。自下而上划分为月门沟群、石盒子群。月门沟群包括本溪组、太原组和山西组,石盒子群包括黑山组、万山组、奎山组和孝妇河组。其中本溪组和太原组下部为石炭纪地层;太原组上部、山西组及石盒子群为二叠纪地层。

(一) 月门沟群

研究区自奥陶纪末期地壳抬升后,经过漫长的风化剥蚀,形成铁铝质风化壳,至晚石炭世接受海相沉积形成月门沟群,海侵方向主要自东北向西南推进。本溪组以陆表海的滨海浅水陆棚砂泥沉积为主;太原组沉积时水体动荡频繁,以海陆交互相的陆表海砂泥坪及泥炭沼泽相为主,并沉积6~10层灰岩,还含有10~20层煤或煤线,可采或局部可采煤层6~7层;山西组沉积时,海水逐渐退出,以泥炭沼泽及三角洲相为主,煤层逐渐减少。

月门沟群为一套海陆交互相—陆相含煤岩系,与下伏奥陶纪马家沟群平行不整合接触,与上覆石盒子群整合接触。该群自下而上划分为本溪组、太原组和山西组,岩性以铝、铁质泥岩、粉砂岩、细砂岩及煤层为主,发育煤层是该群的重要特征(图2-4)。

1. 本溪组($C_2 b$)

本溪组是典型的海陆交互相沉积地层,底部沉积于奥陶纪灰岩的剥蚀面上,呈平行不整合接触。岩性为一套紫色和杂色铁铝质泥岩、铝土岩及粉、细砂岩组合。底部湖田铁铝岩段较发育,岩性以灰色铝土质泥岩、杂色泥岩为主,以富含铁铝质为主要特征,底部为"G层铝土矿层"。地层厚度总体规律为东厚西薄,在长清一带,地层厚度5.20m;在历城一带,地层总厚度6~8m;在章丘市枣园桃花山一带,地层总厚度17.64m(据桃花山地热井钻孔资料);在埠村煤矿一带,地层厚度11.34m。

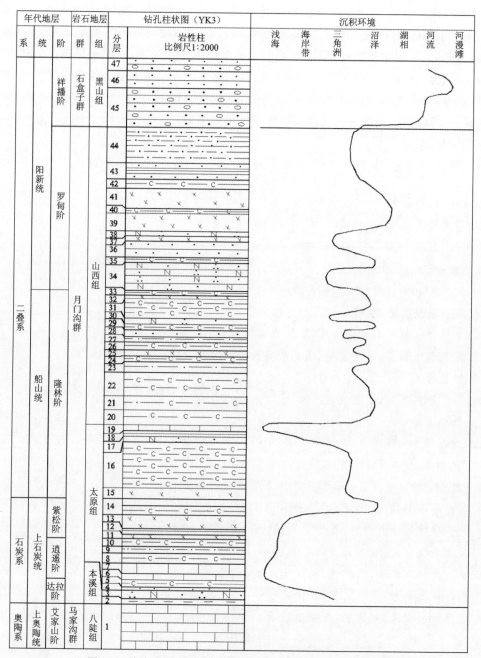

图 2-4　济南市历城区鸭旺口 LR6 钻孔月门沟群综合柱状图

2. 太原组（C_2P_1t）

太原组岩性为灰色调的泥岩夹砂岩、灰岩及煤层。其顶、底分别以稳定的灰岩出现与结束作为划分和识别标志，与下伏本溪组和上覆山西组均呈整合接触。太原组岩层中含有丰富的化石，既有海相的䗴类、腕足类、珊瑚类和头足类，又有陆相植物化石。在长清一带，地层中夹 10 层煤或煤线及 6 层灰岩，地层厚度 178.89m；在历城一带，地层夹 9 层煤或煤线及 7 层灰岩,底部徐家庄灰岩,厚度 8~10m,地层总厚度 185.65m;在章丘市枣园桃花山一带夹有 6 层灰岩及 7 层煤或煤线,底部标志层灰岩为徐家庄灰岩及草埠沟灰岩,徐家庄灰岩层位较稳定,厚度 4.89m,草埠沟灰岩厚度仅 0.78m,地层总厚度 182.84m;在埠村煤矿一带夹有 8 层灰岩及 10 层煤,底部标志层灰岩为徐家庄灰岩,局部段底部两层灰岩为徐家庄灰岩和草埠沟灰岩,平均厚度 10.36m,地层总厚度 175.15m。太原组是以泥、砂岩为主的含煤建造,为华北地区重要的聚煤层位,属陆表海滨海砂泥坪及泥炭沼泽相。

1)剖面描述

根据济南市历城区鸭旺口 LR6 钻孔剖面(图 2-4),太原组地层特征如下。

上覆地层:山西组

20. 黑色碳质页岩,页理清楚   8.94m

―――――――――整合―――――――――

太原组(厚度 70.00m)

19. 灰黑色石灰岩,隐晶结构,质较纯   0.68m

18. 黑色碳质页岩,页理清楚   3.17m

17. 灰白色中粒长石石英砂岩,方解石脉发育   1.76m

16. 黑色碳质页岩,页理发育,裂面含黄铁矿晶体   26.08m

15. 辉长岩

14. 黑色碳质页岩,上部发育 11m 厚煤层   7.91m

13. 辉长岩

12. 灰色砂质及碳质页岩,页理发育,裂面含黄铁矿晶体   3.07m

11. 辉长岩

10. 灰色砂质及碳质页岩,页理发育,裂面含黄铁矿晶体   3.88m

9. 灰色砂质页岩,较致密,页理清楚   3.9m

8. 灰色砂质及碳质页岩,页理发育,裂面含黄铁矿晶体   5.33m

7. 深灰黑色石灰岩,含大量海百合化石   5.84m

6. 灰—灰白色灰岩,质不纯,局部含泥质及黄铁矿晶体   2.72m

5. 黑色碳质页岩,页理发育,夹薄层砂岩   3.58m

4. 灰色砂质页岩,较致密,页理清楚   2.08m

―――――――――整合―――――――――

下伏地层:本溪组

3. 灰色细砂岩   4.65m

2)基本层序特征

太原组发育由浅海—临滨—沼泽泥炭相交互的基本层序,以齐河县潘店煤矿 ZK1 钻孔剖面为例(图 2-5),总体为由灰色灰岩—砂质泥岩(泥岩)—含石膏泥岩—泥质粉砂岩(粉砂岩)—中细粒石英砂岩—煤层组成的向上水体逐渐变浅的基本层序,个别地段缺失局部层位。局部发育由煤层—泥质粉砂岩(碳质粉砂岩)及粉砂岩—中细粒砂岩组成的近韵律型基本层序。

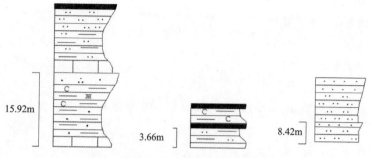

图 2-5　太原组基本层序图

3）地质特征及区域变化

太原组为一套海陆交互相沉积地层,其岩性以泥岩、页岩、粉砂岩、细砂岩为主,夹煤层、碳质页岩等,其顶、底以灰岩结束及出现为界,与上覆山西组、下伏本溪组均呈整合接触。从钻孔资料分析,太原组总体表现为向上碎屑颗粒逐渐变细。太原组底部以泥岩、粉砂质泥岩为主,向上以砂岩、细砂岩、粉砂岩为主,反映了由早期浅海相沉积到晚期滨海、临海沉积的特征。另外,各地区太原组岩性亦有差别,齐河一带发育5层灰岩及3层煤层,出露厚度达101.38m;鸭旺庄仅见2层灰岩及1层煤层,碳质页岩发育,且发育较多的中生代侵入岩夹层,地层厚度70.00m。区域上,就厚度而言,从淄川王村—章丘埠村—鸭旺庄—齐河,太原组逐渐减薄,灰岩夹层一般为4~5层,可采煤层2~3层,鸭旺庄一带,厚度较小,灰岩夹层较少,煤层较少。

3. 山西组（$P_{1-2}\hat{s}$）

山西组岩性以黑灰—深灰色泥岩、粉砂岩为主,夹3~4层煤,沉积环境属三角洲相—泥炭沼泽相,地层厚度北薄南厚,含舌形贝、带羊齿、楔叶木、苏氏芦木、轮叶、瓣鳃类等化石。在历城一带,岩性以灰—灰黑色中、细砂岩及粉砂岩为主,底部为厚度3~5m的中—细粒长石石英砂岩,含煤3~5层,其中局部可采煤层1~2层,地层厚度100~150m。在章丘埠村一带含煤10余层,其中只有1煤层、3煤层可采,其他均为煤线,岩性以细中粒长石砂岩、粗砂岩及砂页岩互层为主,其次为砂质页岩、页岩、黏土页岩、煤等组成,厚度74.99mm。

区内缺失中生界三叠系、侏罗系和白垩系。

1）剖面描述

根据济南市历城区鸭旺口LR6钻孔剖面（图2-4）,山西组地层特征如下。

上覆地层:石盒子群黑山组

45.浅灰白色厚层含砾粗砂岩,含磨圆度较好的燧石、砾石　　　　　　　　　　　20.69m

————————————整合————————————

山西组（厚度136.65m）

44.灰黑—灰绿色砂质页岩,页理不太清楚,中部为灰绿色粉细砂岩　　　　　　18.71m

43.灰色中细粒砂岩,夹薄层灰色泥岩及页岩,底夹薄层辉长玢岩　　　　　　　8.38m

42.黑色页岩,底部为0.79m厚灰色中粒石英砂岩　　　　　　　　　　　　　　 4.62m

41. 辉长玢岩
40. 黑色碳质页岩,页理发育　　　　　　　　　　　　　　　　　　　　　　　　　　2.07m
39. 辉长玢岩
38. 灰白色中粗粒石英砂岩　　　　　　　　　　　　　　　　　　　　　　　　　　1.93m
37. 辉长玢岩
36. 灰色细—中细粒砂岩,底部层理清楚,层面夹碳质薄膜,上部夹薄层黑色碳质页岩
　　　　　　　　　　　　　　　　　　　　　　　　　　　　　　　　　　　　　8.09m
35. 黑色泥质碳质页岩,页理发育　　　　　　　　　　　　　　　　　　　　　　　2.01m
34. 灰色中粒长石石英砂岩　　　　　　　　　　　　　　　　　　　　　　　　　15.93m
33. 黑色碳质页岩,页理发育　　　　　　　　　　　　　　　　　　　　　　　　　1.1m
32. 辉长玢岩
31. 黑色碳质页岩,泥质结构,页理发育　　　　　　　　　　　　　　　　　　　　11.43m
30. 灰白色中粒长石石英砂岩　　　　　　　　　　　　　　　　　　　　　　　　　3.17m
29. 黑色碳质页岩,页理清楚　　　　　　　　　　　　　　　　　　　　　　　　　3.12m
28. 灰色中粒砂岩,层理清楚　　　　　　　　　　　　　　　　　　　　　　　　　3.14m
27. 灰色砂质页岩,页理发育　　　　　　　　　　　　　　　　　　　　　　　　　2.6m
26. 黑色碳质页岩,页理清楚　　　　　　　　　　　　　　　　　　　　　　　　　3.94m
25. 辉长岩
24. 黑色碳质页岩,页理清楚,裂面含黄铁矿晶体　　　　　　　　　　　　　　　　2.66m
23. 灰色砂质页岩,页理发育　　　　　　　　　　　　　　　　　　　　　　　　　5.6m
22. 黑色碳质页岩,页理发育,局部夹薄层细砂岩　　　　　　　　　　　　　　　12.13m
21. 灰色砂质及碳质页岩,页理发育,裂面含黄铁矿晶体　　　　　　　　　　　　　7.07m
20. 黑色碳质页岩,页理清楚　　　　　　　　　　　　　　　　　　　　　　　　　8.94m

————————整合————————

下伏地层:太原组
19. 灰黑色石灰岩,隐晶结构,质较纯　　　　　　　　　　　　　　　　　　　　　0.68m

2)基本层序特征

　　山西组以陆相沉积地层为主,不同地区基本层序特征略有差异,总体为中细砂—粉砂(泥质粉砂)—泥岩(黏土岩)组成的基本层序,在陈家岭一带,碳质含量较高,发育有碳质页岩—泥质粉砂岩组成的基本层序(图2-6)。

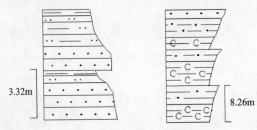

图2-6　山西组基本层序图

3）地质特征及区域变化

山西组为一套三角洲相—泥炭沼泽相沉积，其岩性为灰—灰黑色泥岩、粉砂岩、细砂岩，夹可采煤层。其底以太原组灰岩结束为界，顶以河流相砂岩、砂砾岩出现为界，与太原组、黑山组均为整合接触。从钻孔资料分析，山西组总体表现为向上碎屑粒度逐渐变粗，下部以泥岩、泥质粉砂岩为主，夹煤层，上部以粉砂岩、细砂岩为主，表现为由深湖、沼泽相—三角洲相逐渐演化的特征。各地山西组岩性略有差异，齐河一带，中下部发育煤层、黏土层，上部发育含砾粗砂岩；鸭旺庄一带，可采煤层不发育，碳质页岩发育，多见中生代侵入体。

（二）石盒子群

石盒子群为整合于月门沟群山西组之上的一套河湖相沉积岩，自下而上分别为黑山组、万山组、奎山组、孝妇河组。该群多呈隐伏地质体，根据钻孔资料，其分布与月门沟群山西组具有继承性特征，呈弧状分布于七里铺—桑梓店—兴隆庄—郭店一带，地层厚度为174m。研究区内，石盒子群底与山西组为整合接触，顶被新近纪黄骅群所覆盖（图2-7）。

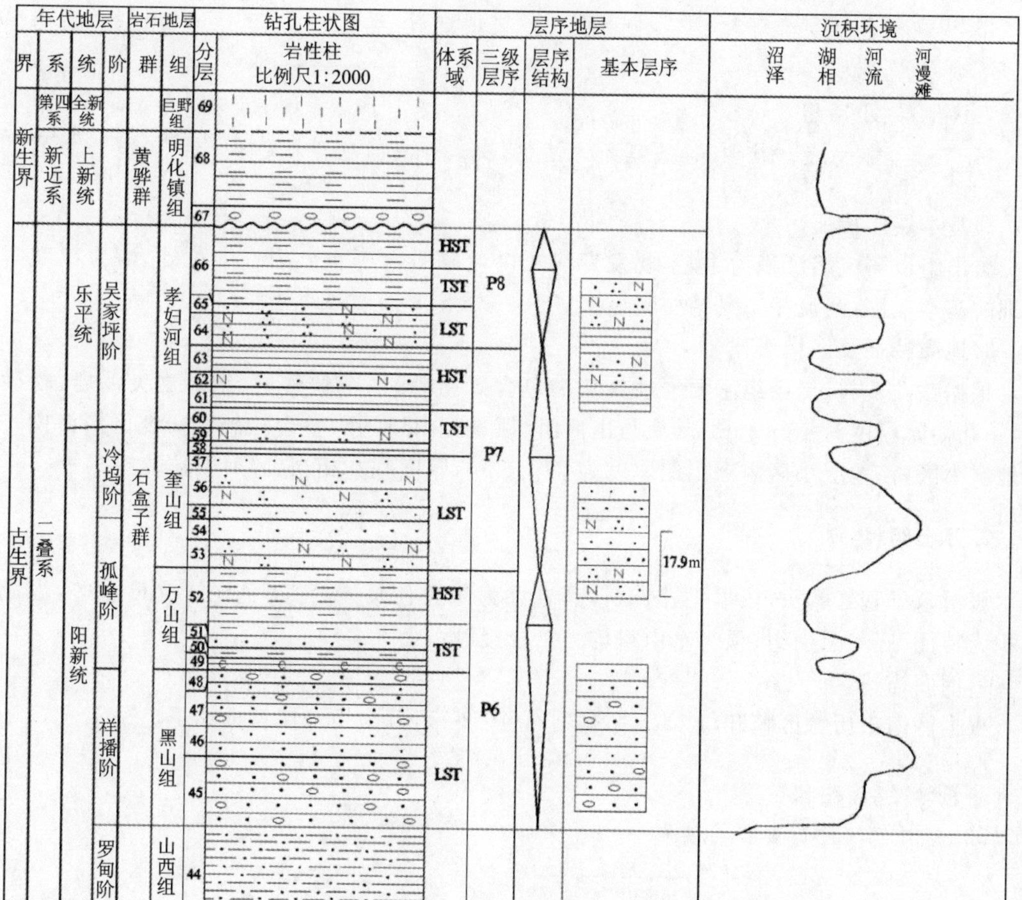

图2-7 济南市历城区鸭旺口LR6钻孔石盒子群综合柱状图

1. 黑山组(P_2h)

未见基岩露头,依据钻孔资料,岩性为灰白—灰褐色含砾粗砂岩、中粒砂岩夹粉砂岩、黑色页岩等,以河流相沉积为特征。

1)剖面描述

根据济南市历城区鸭旺口 LR6 钻孔剖面(图 2-7),黑山组地层特征如下。

上覆地层:万山组

49. 灰黑色页岩,页理发育,岩芯破碎	3.25m

——————————整合——————————

黑山组(厚度 45.87m)

48. 灰白色含砾粗砂岩,由石英组成,次为长石及黑色燧石结核	2.05m
47. 灰褐色含砾粗砂岩与中砂岩互层	15.08m
46. 青灰—灰黑色中粒、中粗粒砂岩,微层理清晰,含大量灰黑色粉砂质条带,角砾状及卵砾状团块,中下部夹白色厚层含砾粗砂岩,下部夹微层—细层灰黑色页岩	8.05m
45. 浅灰白色厚层含砾粗砂岩,含磨圆度较好的燧石、砾石	20.69m

——————————整合——————————

下伏地层:山西组

44. 灰黑—灰绿色砂质页岩,页理不太清楚,中部为灰绿色粉细砂岩	18.71m

2)基本层序特征

黑山组以河流相沉积为主,主要发育浅灰白色厚层含砾粗砂岩—中粒砂岩,为粒度向上变细的基本层序,河流相二元结构明显。

3)地质特征及区域对比

根据钻孔资料,黑山组主要岩性为灰白色含砾粗砂岩、中粒砂岩、细砂岩夹泥岩、粉砂岩等,钻孔揭露厚度为 45~55m,其底与山西组、顶与万山组均为整合接触。研究区属济南—淄博地层小区,该地层小区内黑山组厚度为 37~62m,厚度基本相当,碎屑颗粒较粗。

2. 万山组(P_2w)

该组未见基岩露头,依据钻孔资料,其岩性为灰黑色页岩、深灰色泥岩夹砂岩等,以湖相沉积为特征,底与黑山组、顶与奎山组均为整合接触。

1)剖面描述

根据济南市历城区鸭旺口 LR6 钻孔剖面(图 2-7),万山组地层特征如下。

上覆地层:奎山组

53. 青灰色细粒长石石英砂岩	7.8m

——————————整合——————————

万山组(厚度 29.97m)

52. 紫红色、灰绿色泥岩	20.2m
51. 青灰色中粒砂岩,含角砾状团块细砂岩	3.6m

| 50.深灰色泥岩 | 2.92m |
| 49.灰黑色页岩,页理发育,岩芯破碎 | 3.25m |

———————— 整合 ————————

下伏地层:黑山组

| 48.灰白色含砾粗砂岩,由石英组成,次为长石及黑色燧石结核 | 2.05m |

2)地质特征及区域对比

根据钻孔资料,万山组以湖相沉积为主,岩性为灰黑色页岩、杂色泥岩夹中粒砂岩、细砂岩。区域上,该组岩性组合基本相似,但厚度变化大,万山组在研究区内与章丘等地厚度基本相当,但明显小于淄博黑山(155m)及莱芜地区(99m)。

3. 奎山组(P_2k)

奎山组基岩露头仅在郭店东北的虞山一带出露,该组岩性为灰白色厚层含砾粗粒石英砂岩、中粒石英砂岩、细砂岩夹粉砂质泥岩等,以河流相沉积为主,底与万山组、顶与孝妇河组均为整合接触。以厚层、巨厚层砂岩为特征,与上、下组明显区别。

1)剖面描述

根据山东省济南市历城区虞山二叠纪石盒子群奎山组实测地层剖面图(地理坐标为x:20521685,y:4067022,图2-8),奎山组地层特征如下。

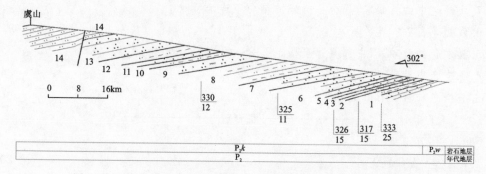

图2-8 山东省济南市历城区虞山二叠纪石盒子群奎山组地层剖面图

———————— 未见顶 ————————

奎山组(厚度大于49.37m)

14.灰红色、灰黄色中薄层粉砂岩,易碎	7.32m
13.灰色厚层中粒石英砂岩,露头不好	9.6m
12.青灰色、黄灰色中厚层粉砂质泥岩	3.6m
11.灰色厚层中粒石英砂岩	1.8m
10.青灰色、黄灰色中厚层粉砂质泥岩	1.77m
9.灰白色巨厚层中粒石英砂岩,水平纹层理发育	4.24m
8.青灰色、黄灰色中厚层粉砂质泥岩,层稳定,基本已被当地居民挖空,顶底与石英砂岩接触界线不平整,呈波浪状	8.79m
7.灰白色厚层—巨厚层中粒石英砂岩	4.72m

6.灰白色厚层粗粒石英砂岩,局部为含砾石英砂岩,但非常不稳定,含砾石英砂岩呈窝团

状、楔状，局部见裂隙为褐铁矿充填   4.6m
5.灰白色厚层含砾石英砂岩，砾大小不一，粒径小者3mm，一般5mm，大者大于1cm，次
  棱角状，还见褐铁矿团粒。石英砾分布不均匀，局部不见   1.1m
4.灰白色厚层粗粒石英砂岩   0.55m
3.青灰色、灰黄色粉砂质泥岩（钙质泥岩），质地细腻，风化强烈   0.55m
2.灰白色厚层粗粒石英砂岩，与下部粉砂质泥岩接触面不平整，波状起伏   0.73m

———————整合———————

下伏地层：万山组
1.青灰色、灰黄色粉砂质泥岩（钙质泥岩），质地细腻，风化强烈   0.73m

根据济南市历城区鸭旺口LR6钻孔剖面（图2-7），奎山组地层特征如下。

上覆地层：孝妇河组
60.紫红色页岩，页理发育，上部夹有灰褐色页岩，中部夹薄层青灰色细砂岩   6.06m

———————整合———————

奎山组（厚度39.33m）
59.灰绿色中粒长石石英砂岩   4.08m
58.紫色页岩，页理发育   1.55m
57.灰绿色中细粒砂岩，见有平行岩芯轴向不连续裂隙   5.8m
56.灰白色长石石英砂岩   9.96m
55.青灰色细粒砂岩，中部夹薄层紫色页岩   3.94m
54.深灰色中粒砂岩，含大量分散的碳质   6.2m
53.青灰色细粒长石石英砂岩   7.8m

———————整合———————

下伏地层：万山组
52.紫红色、灰绿色泥岩   20.2m

2）基本层序特征

    奎山组是石盒子群的第二个以河流相沉积为特征的地层单位，在河流相不同的微相环境下，其基本层序不同（图2-9）。在河流滞留处奎山组沉积单元表现为灰白色厚层含砾粗砂岩—中粒石英砂岩—泥质粉砂岩组成的向上粒度变细的基本层序，沉积界面不平整，局部发育底冲刷构造；在点沙坝或者河漫滩相，粒度明显偏细，发育中细粒石英砂岩—泥质粉砂岩组成的向上变细的基本层序。

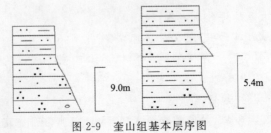

图2-9 奎山组基本层序图

3)地质特征及区域对比

奎山组以粗碎屑岩沉积为主，主要岩性为含砾粗砂岩、中粒石英砂岩、石英长石砂岩，夹泥质粉砂岩、粉砂岩等，发育褐铁矿化团块。该组以厚层砂岩为标志，与上覆孝妇河组、下伏万山组均为整合接触，在虞山地质剖面上粒度明显较粗，发育河道相沉积，而在鸭旺庄钻孔中，以中细粒长石石英砂岩为主，为河漫滩相沉积。区域上该组厚度为8～65m，研究区所属的济南—淄博小区较厚，与区域特征一致。

4. 孝妇河组（P_3x）

孝妇河组未见基岩露头，依据钻孔资料，其岩性为紫红色页岩、灰绿色黏土岩，夹灰白色长石石英砂岩等，以湖相沉积为特征，底与奎山组为整合接触，顶被第四系或者新近纪黄骅群明化镇组所覆盖。

1)剖面描述

根据济南市历城区鸭旺口LR6钻孔剖面(图2-7)，孝妇河组地层特征如下。

上覆地层：新近纪黄骅群明化镇组

67. 黄褐色砾岩，砾石磨圆度较好，成分复杂，以石灰岩砾及砂岩砾为主，粒径0.2～2cm不等	5.59m

～～～～～～～～角度不整合～～～～～～～～～

孝妇河组(厚度59.31m)

66. 灰绿色、棕褐色黏土岩，含黑色铁锰结核及白色钙质结核	22.77m
65. 白色、黄褐色细粒长石石英砂岩	2.73m
64. 灰白色长石石英砂岩，风化后呈褐黄色	9.24m
63. 紫红色页岩，页理发育，岩芯破碎	8.12m
62. 浅紫红色中粒石英长石砂岩，局部夹有薄层灰色页岩，底部岩石颗粒较粗	3.53m
61. 灰色页岩，页理发育	6.86m
60. 紫红色页岩，页理发育，上部夹有灰褐色页岩，中部夹薄层青灰色细砂岩	6.06m

————————整合————————

下伏地层：奎山组

59. 灰绿色中粒长石石英砂岩	4.08m

2)基本层序特征

孝妇河组是石盒子群第二个以湖相沉积为主要特征的岩石地层单位，主要发育灰色、紫红色页岩—灰白色中粒长石石英砂岩组成的向上粒度变粗的基本层序，以滨浅湖相沉积为主。

3)地质特征及区域对比

孝妇河组以细碎屑岩沉积为主，主要岩性为紫红色页岩、灰白色(紫红色)长石石英砂岩及灰绿色黏土，上部黏土岩中含铁锰质结核及钙质结核。该组总体颜色由灰紫—灰绿色演化，说明由早期为氧化环境到晚期变为还原环境，水体逐渐变深。区域上该组厚度为10～131m，研究区内该组岩性组合与区域上基本相当，但厚度仅为59.31m。

三、中生代白垩纪地层

中生代地层主要发育白垩纪青山群,研究区内未发育,分布在研究区以东的章丘崔寨一带,为青山群八亩地组。八亩地组岩石组合特征明显,以中—基性火山岩发育为标志,主要有玄武岩、安山岩、粗安岩、玄武安山岩、玄武粗安岩、安山质集块角砾岩、凝灰岩等,其中可见紫色、灰色砂砾岩夹层,熔岩中气孔构造、杏仁构造发育,橄榄石多发生伊丁石化。每层熔岩顶部自碎现象显著,形成角砾熔岩。因不同火山机构爆发指数不同或受距喷发中心距离影响,该组有的地区以熔岩为主,少见凝灰岩、角砾岩,有的地区则以凝灰岩、角砾岩为主,少见熔岩。总体上看,该组具二分性,但多数地区不太明显,常常中—基性火山岩间互出现或以中性火山岩为主,少见以基性火山岩为主。区域上该组厚度为94~5190m。

四、新生代新近纪和第四纪地层

新生界在研究区内广泛分布,其中新近纪黄骅群主要发育在小清河以北,研究区内发育有黄骅群明化镇组,馆陶组分布于研究区以北,第四系发育有黄河组、临沂组、白云湖组、黑土湖组、大站组、平原组(表2-2)。

表2-2 研究区新生代地层表

年代地质		岩石地层		地层厚度/m	地质特征
界	系	群	组		
新生界	第四系		黄河组	8~20	灰黄色粉细砂、粉砂,夹少量棕黄色—棕红色砂质黏土、黏土
			临沂组	0~5	灰黄色含砾粗砂、中砂、细砂、砾石堆积物
			白云湖组	3~10	灰—灰黑色粉砂质黏土,局部夹灰黄色粉砂土
			黑土湖组	2~10	灰—灰褐—灰黑色粉砂质亚黏土、黏土,局部夹灰白色、黄色粉砂层
			大站组	5~20	灰黄色、棕黄色黏土、粉砂质黏土
			平原组	0~150	棕黄—棕红色砂质黏土,夹中细粒砂层、淤泥层
	新近系	黄骅群	明化镇组	600~1000	土黄—棕红色泥岩、砂质泥岩及灰白色砂岩
			馆陶组	350~475	上部以灰白色、浅灰色细—中砂岩及棕红色夹灰绿色泥岩为主;下部为灰白色含砾粗砂岩及砂砾岩

(一)黄骅群

黄骅群主要分布于小清河以北地区,隐伏于第四系之下。总体可以分为上下两套岩层,下部粒度偏粗,色调较杂,为馆陶组;上部粒度偏细,为明化镇组。

1. 馆陶组(N_1g)

该组上部以灰白色、浅灰色细—中砂岩及棕红色夹灰绿色泥岩为主,呈交互层状。下部以灰白色含砾粗砂岩及砂砾岩为主,夹棕红色泥岩,含砾砂岩分选性较差,磨圆度中等,胶结性较差。底部为砂砾岩、砾状砂岩,砾石粒径1~10mm,呈次棱角—次圆状,以石英、黑色燧石为主。华北坳陷区内该组与东营组呈不整合接触,层底埋深1350~1650m,厚度350~475m,主要分布在研究区以北。在垂向上该组具有上细下粗的正旋回沉积特征,其底部为砂砾岩,分布稳定;在水平方向上,其底板埋深由南向北呈明显的变浅趋势。

2. 明化镇组(N_2m)

明化镇组由下向上可划分为两个岩性段,以土黄—棕红色泥岩、砂质泥岩及灰白色砂岩为主。下段粒度较细,颜色深;上段粒度较粗,颜色浅,并含铁锰质、灰质结核。明化镇组下部与馆陶组整合接触或与上古生界不整合接触,上部被第四系覆盖,华北坳陷区内该组厚度600~1000m,研究区内该组沉积较薄,厚度0~300m。明化镇组以湖相沉积为主,下部岩石粒度较细,颜色深,并含有石膏,厚度291m,为浅湖相环境;上部含有炭屑、铁锰质、灰质结核,厚380m,为半深湖相环境。

1)剖面描述

上覆地层:山前组

16.黏土质卵砾石夹少量棕红色黏土,砾石以灰岩砾石为主　　　　　　　　　18.8m

~~~~~~~~~角度不整合~~~~~~~~~

明化镇组(厚度141.76m)

15.杂色砾岩,钙质胶结,砾石以灰岩为主,少量为变质岩砾石,磨圆度好,砾径0.5~
　　15cm,无分选,无层理　　　　　　　　　　　　　　　　　　　　　　　　4.7m

14.杂色黏土　　　　　　　　　　　　　　　　　　　　　　　　　　　　　6.00m

13.棕红色砂砾岩,钙质、泥质胶结,夹少量棕红色黏土岩,含铁锰结核、钙质结核　6.89m

12.灰黄色砾岩,砾石成分以灰岩为主,夹少量变质岩及石英砾石,磨圆度好,无分选,钙
　　质胶结,局部砂质胶结,局部夹棕红色黏土　　　　　　　　　　　　　22.31m

11.杂色黏土岩,含少量锰质结核斑点,局部含粉砂团块　　　　　　　　　　2.96m

10.锈黄色砂岩,局部含少量铁锰结核,底部具微层理　　　　　　　　　　　2.94m

9.杂色砾岩,泥质、砂质胶结,砾石成分主要为灰岩,粒径1~2cm　　　　　　2.00

8.杂色黏土,中上部见灰白色钙质团块,中下部含锰质结核及钙质结核　　　　6.11m

7.棕黄色—锈黄色砂岩、砂砾岩,夹少量的砂岩及黏土岩,砾石成分为灰岩,粒径1~
　　5cm,磨圆好,分选性差　　　　　　　　　　　　　　　　　　　　　21.05m

6. 黄绿色黏土岩,含少量黑色锰质结核斑点及钙质,向下钙质、粉砂质含量增多　　10.7m
5. 棕黄色、褐黄色砂砾岩,钙质、砂质胶结,砾石主要为灰岩,砾径1～4cm,顶部为少量的粉砂岩,含铁、锰斑点,向下砾石含量增多　　6.7m
4. 棕黄色粉砂质黏土,局部夹砂岩及砂砾岩夹层(钻孔中见高角度擦痕面)　　13.45m
3. 棕黄色、褐黄色砂砾岩,钙质、砂质胶结,砾石主要为灰岩,少量的变质岩砾石,砾径1～4cm,个别可达17cm,中部夹少量粉砂质黏土　　27.03m
2. 古风化壳,为灰岩、砂岩、砂砾石及黏土混层　　8.92m

————————平行不整合————————

下伏地层:奥陶纪八陡组
1. 青灰色云斑灰岩,局部发育溶蚀孔洞　　23.69m

2)基本层序特征

依据J64钻孔资料,明化镇组下部基本层序为棕黄色、褐黄色砂砾岩—棕黄色黏土(粉砂质黏土)组成的向上粒度变细的基本层序,总体表现为砂砾岩厚度逐渐变薄,黏土岩逐渐变厚的退积型准层序组。该组上部为杂色砾岩—黄色砂岩(砂砾岩)—杂色泥岩组成的基本层序,总体表现为砾岩逐渐变薄,砂岩、黏土岩逐渐变薄的进积型准层序组。明化镇组整体具有早期冲洪积相—浅湖相—冲洪积相的沉积变化规律(图2-10)。

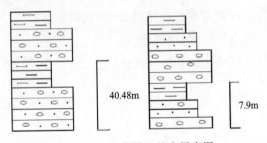

图2-10　明化镇组基本层序图

3)岩性组合特征及区域变化

明化镇组均为隐伏地质体,根据钻孔资料,该组岩性为一套黄褐色砾岩、杂色黏土,夹少量的细砂岩,该组角度不整合于古生代地层之上,不同地区略有差异,在鸭旺庄一带,其底为二叠纪石盒子群孝妇河组,在大辛庄则为奥陶纪马家沟群八陡组,顶被第四系所覆盖。由南东至北西,该组整体厚度逐渐变厚。与区域内明化镇组相比,研究区内该组粒度明显偏粗,厚度差异明显。

(二)第四纪地层

研究区第四系广泛分布在山前倾斜平原、黄河冲积平原以及区内河流的河谷地带,山间盆地及山麓斜坡上有小面积的堆积。出露的地层有全新世黄河组、白云湖组、临沂组和黑土湖组,更新世大站组、平原组。黄河组主要分布于小清河以北及黄河沿岸地区,形成黄河冲积平原;白云湖组主要分布于白云湖、大明湖及天桥区大桥镇司家庄一带大寺河低洼河谷地带;临沂组分布于小清河、玉符河、南大沙河、北大沙河河谷地带;黑土湖组分布于鹊山水库北的鹊山龙湖湿地；大站组分布广大山前地带，形成山前倾斜平原。

第四系厚度总体规律为自南向北、自东向西增加，其中山间盆地及河谷冲洪积平原地区第四系厚度一般不超过100m，自经十路以北，第四系厚度逐渐增加，市区内第四系最大厚度不超过50m，到黄河北地区可达180～250m。

第二节 构　造

一、大地构造位置

研究区位于济南市中西部，大地构造上处于华北板块的鲁西隆起区之鲁中隆起（$Ⅱ_a$）泰山-济南断隆（$Ⅱ_{a1}$），五级构造单元分别属于齐河潜凸起（$Ⅱ_{a1}^5$）和泰山凸起（$Ⅱ_{a1}^6$）（图2-11）。

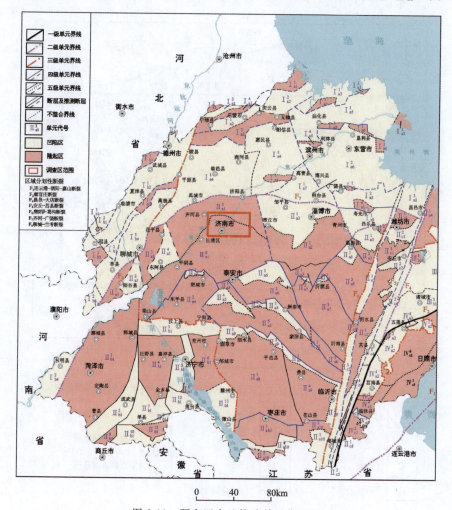

图2-11　研究区大地构造单元位置图

鲁中隆起总体上是一个以新太古代泰山岩群为基底,以古生代地层为主体的北倾单斜构造。单斜构造单元中发育多组断裂构造,将其分割成相对独立的单斜断块。济南地区地壳在中生代燕山期晚期活动强烈,形成了以 NNW 向为主,以 NNE 向和近 EW 向为辅的 3 组断裂,同时大范围的中基性岩浆岩侵入形成了多个杂岩体。新生代喜马拉雅运动初期,研究区属隆起阶段,造成地层倾斜并缺失古近纪地层。喜马拉雅运动后期,研究区北部较南部沉降快,因而在各单斜断块北部及南部的低洼处,接受了厚度不等的第四纪沉积。

二、断裂构造

研究区地处鲁中隆起区,中生代燕山期活动形成了区内 NW—NNW 向、NNE 向和近 SN 向 3 组主要断裂构造,其中 NW—NNW 向断裂主要有石马断裂、大寨山-周王断裂、千佛山断裂、东坞断裂、桑梓店断裂;NNE 向断裂主要焦斌屯-后河断裂、卧牛山断裂、港沟断裂;近 SN 向断裂主要为炒米店断裂(图 2-12,表 2-3)。

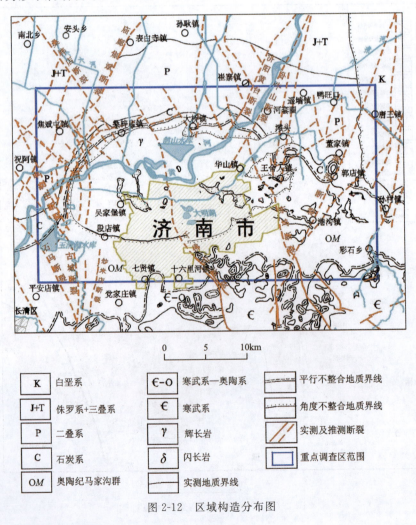

图 2-12 区域构造分布图

表 2-3 研究区断层统计一览表

总体走向	断裂名称		规模（区内）		产状			地质特征	主要活动性质
			长/km	宽/m	走向	倾向	倾角		
NW—NNW向	石马断裂		18	2	335°	NE	65°	切割寒武纪—奥陶纪地层，北段为隐伏断裂	张性
	大寨山-周王断裂		33	0.5	320°	SW	65°	切割寒武纪—奥陶纪地层，北段为隐伏断裂	张性
	千佛山断裂		40	5~10	320°~350°	SW	58°~76°	南段基岩区由多条平行断裂组成，构成地垒、地堑，切割变质基底、寒武纪—奥陶纪地层，发育牵引褶皱，发育碎裂岩、构造角砾岩、构造透镜体，碳酸盐化、帘石化、褐铁矿化蚀变发育，充填有脉岩，断面发育擦痕、阶步；中段、北段为隐伏断裂，中段切割济南岩体，遥感影像线性特征明显	左行张扭性
	东坞断裂	十八盘断裂	15.5	3~20	330°~340°	SW	68°~88°	由向北收敛的断裂束组成，构成地堑，切割变质基底、寒武纪—奥陶纪地层，发育牵引褶皱，发育构造角砾岩、碎裂岩，断面平直，局部呈波状，发育擦痕、阶步等，有闪长玢岩脉充填，遥感影像线性特征明显	左行张扭性
		刘志远断裂	8		340°~345°	SW	55°	南部切割寒武纪—奥陶纪地层，北部为隐伏断裂，切割济南岩体，遥感影像线性特征明显	左行张扭性
	桑梓店断裂		12		327°	SW		为隐伏断裂，遥感影像线性特征明显	张性
NNE向	港沟断裂	大田庄断裂	30	4~9	24°	SEE	70°~80°	南段切割变质基底、寒武纪—奥陶纪地层，发育牵引褶皱，发育碎裂岩、构造角砾岩、劈理，充填有脉岩，北段为隐伏断裂，遥感影像线性特征明显	张性
		唐冶断裂	16		35°	NWW		为隐伏断裂，与大田庄断裂构成地堑	张性
	焦斌屯-后河断裂		17		24°	NW		为隐伏断裂	张性
	卧牛山断裂		12		26°	NW		为隐伏断裂，控制水系发育	张性
SN向	炒米店断裂		18	1~5		EW	50°~85°	为由一组断裂组成的地堑，切割寒武纪—奥陶纪地层，发育构造角砾岩，控制第四系地貌，电磁测深等值线陡立密集	张性

(一)NW—NNW 向断裂构造

NW—NNW 向断裂构造是区内最发育的断裂系列,局部显示为控泉断裂。该系列断裂的规模一般都比较大,由多条分支断裂组成,沿走向呈舒缓波状延伸,断裂中心发育构造角砾岩,有十几米至几十米宽的破碎带,延伸达几十千米,断裂总体走向330°,一般在320°～330°之间变化。多数是继承基底早前寒武纪 NW 向构造发育而来,具多次活动特征,活动性质复杂,主要显示为张性,局部显示张扭性活动性质,多数见后期脉岩充填。

规模较大者主要有千佛山断裂、东坞断裂(十八盘断裂、刘志远断裂)等。上述 NW 向断裂均具有较一致的几何特征、变形特征、变形机制及构造演化史。主要表现为三期活动:早期右行张扭性活动,中期左行压扭性活动和晚期的张性活动,与区域构造活动演化特征一致。

1. 石马断裂

石马断裂全被第四系覆盖,根据物探和钻探资料推测,该断裂南起潘村西南部,经小范、石马、新五村、潘庄之后穿过黄河向北西方向延伸。断裂总体走向 NW,断层面倾向 NE,倾角大于 60°,延伸长度约 28km。

在石马村一带,断裂从石马和杜庙之间穿过,靠近石马村。断裂西盘的石马村北有一勘探孔(370 号孔),孔深 303.74m,该孔揭露第四系松散层厚度 75.04m,之下揭露奥陶纪马家沟群北庵庄组灰岩至终孔。断裂东盘的杜庙村东北有一勘探孔(355 号孔),孔深 300.17m,该孔揭露第四系与新近系松散层厚度 180.03m,之下揭露马家沟群北庵庄组灰岩和东黄山组泥质灰岩至终孔。断裂东盘下降地层相对较新,西盘上升地层相对较老,断距约 300m。

石马店断裂全段无新活动迹象,上覆地层也未见错动现象,推断为新近纪稳定断裂。

2. 千佛山断裂

千佛山断裂在研究区内整体呈 NNW 向展布,千佛山以南基岩裸露区出露情况较好,总体走向 NW,断裂面倾向 SW;千佛山以北经济南火车站东至泺口一带,走向近 SN。千佛山以北地区被第四系覆盖,呈 NNW 向斜穿区域中部,断裂南起变质岩分布区的金牛山,经七峪商家庄、孤山、小佛寺、天井峪、丁子寨、兴隆水库东,穿越千佛山西垭口经南郊宾馆东北角进入济南市区被第四系覆盖,出露部分长约 25km。据物探资料,千佛山断裂经普利门、长途汽车总站东,然后转向近南北,经洛口向北延伸至黄河北。据山东省地震局资料,千佛山断裂与桑梓店断裂在黄河北相交相连,总长度约 60km。

千佛山断裂呈 NW(320°)及 NNW(340°～350°)向交替曲折延展。其 NW 向段均由 2～3 条近平行的断层组成,具早期张扭性、后期压性特征。其 NNW 向段则均为单支,早期显张性、后期为压性,南端尾部则分为近于平行的 3 支,3 支间距分别为 2km 左右。

千佛山断裂主体倾向 SW,仅个别分支东倾,在同一地点西盘地层较新,断距中间大,两端小,最大断距可达 450m 左右,断面倾角陡,一般为 70°～80°,两盘地层呈 EW 向条带展布,是一条大型正断层。千佛山断裂带中除有张性角砾岩及表示上盘下落的垂直擦痕外,普遍可见由角砾岩组成的构造透镜体,它们的长轴方向一般为310°~330°,在透镜体附近或断层带边部发育有压性片理。断层带及附近地层中具有清晰的NW向配套节理组。据上述分析,千佛山断裂是在早期EW向构造体系张面和扭性面基础上发展的NW向体系压性断层。

区内该断裂多被第四系覆盖,仅在千佛山及其以南基岩裸露区有少量露头,总体走向NW,断裂面倾向SW。山东省体育中心与山东省广播电视厅之间,千佛山断裂错断济南岩体的辉长岩和下伏的九龙群三山子组白云岩及炒米店组灰岩,断距约70m。在山东省工会与普利门水厂之间该断裂断距为100m左右(图2-13)。

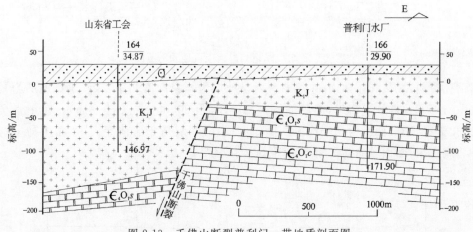

图2-13 千佛山断裂普利门一带地质剖面图

在垂直方向上,不仅三山子组产生位移,而且侵入岩体也被错断,呈现出西厚东薄现象。在平面上,岩体于南郊宾馆北开始被错断,致使断裂东侧辉长岩与灰岩的接触界线较断裂西侧向北推移约1500m,普利门水厂以北至洛口据物探布格重力异常图分析,断裂已切穿辉长岩体。

3. 东坞断裂

东坞断裂在研究区内发育长度20km,自港沟南部东梧至北辛店一带,区内多被第四系覆盖。总体走向NNW,倾向SW。

在两河北坡地区,该断裂主断面产状30°∠70°,右行张扭,断面沿走向波状延伸,断裂带内发育构造角砾岩,砾成分为灰岩,呈棱角—次棱角状,钙质胶结。断面上发育擦痕,沿走向追索可见大构造透镜体,断距不大。断层两盘岩性均为北庵庄组厚层灰岩,略显破碎,局部发育拖褶构造,在断裂F2处顺断裂有闪长玢岩脉侵入。该断裂最少经过两期继承性构造活动,早期为强烈的张性活动,后期为右行张扭性运动。

在港沟西370.7m高地处,断层走向320°~350°,倾向SW,倾角70°~80°,断距50~140m。在刘志远村南窑厂附近,断层走向NNW,倾角约65°,断距约280m。西盘岩性为马家沟群北庵庄组—九龙群炒米店组,东盘岩性为炒米店组—张夏组(图2-14)。

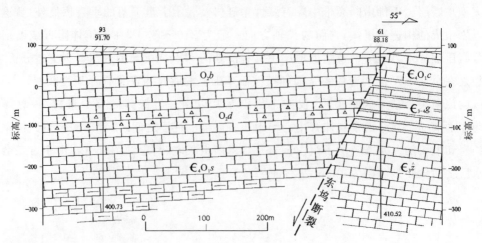

图 2-14　东坞断裂刘志远南段地质剖面图

据钻孔资料,在义和庄西南,东坞断裂西盘地层为马家沟群北庵庄组,东盘地层为马家沟群东黄山组—九龙群炒米店组,断层面倾向 SW,断距 300m 左右(图 2-15)。在小张马庄附近,据钻孔资料,断层西盘为马家沟群八陡组和阁庄组,有辉长岩体穿插,东盘为马家沟群土峪组和北庵庄组,断面倾向 SW,推测断距约 250m(图 2-16)。

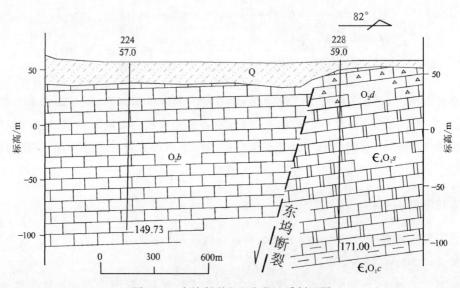

图 2-15　东坞断裂义和庄段地质剖面图

东坞断裂是一条整体阻水,局部(炼油厂北、砌块厂)弱透水的断裂,构成了济南泉域的东部边界。该断裂在地磁场中有十分明显的反映(图 2-17),反映了该断裂的存在及活动期。在济南市历下区姚家镇对东坞断裂进行了浅层人工地震勘探,其反射时间剖面图资料显示:反射量强、横向连续性好的基岩反射波构成了反射时间剖面的主体,由时间剖面图可以清楚地看到基岩面的起伏形态。从剖面的属性看,地层在第四系的底部有反映,但没有继续向第四系中延伸,应是第四纪早期活动断裂,第四纪晚期以来没有发生错断第四纪晚期地层的活动。据地震史料,此处 1437 年曾发生 5 级地震 1 次,以后的 585 年再无地震发生,其复活可能性弱。

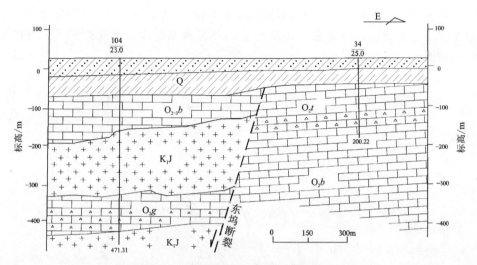

图 2-16　东坞断裂小张马庄段地质剖面图

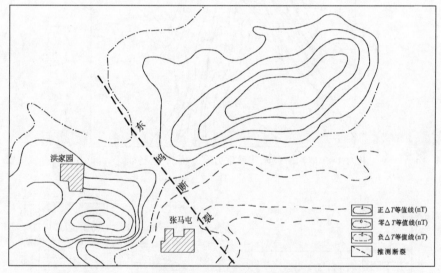

图 2-17　东坞断裂隐伏段地磁场特征(据杨丽芝,2006)

(二)NNE 向断裂构造

研究区内 NNE 向断裂发育不明显,仅在东侧出露港沟断裂,其余均为隐伏断裂。从该断裂体系与其他断裂的相互切割关系综合分析认为该走向断裂与 NW 向断裂为同期或稍晚形成的,早于其他走向的断裂,有脉岩充填,主要表现为早期张性活动,中期压扭性活动,晚期张性活动。

港沟断裂在研究区内的两个分支在棉花山—郭店一带构成地堑,称为港沟地堑。对港沟断裂隐伏段的重力异常图(图 2-18)进行分析,发现在断裂北段低负重力异常较宽大,在其中形成一定走向的低负重力异常闭合圈,其中两侧重力梯度较陡的部位,推测有断裂存在,地质上构成"地堑"构造。据钻孔揭露,两条断裂近乎平行展布,推测走向 NE。东侧断裂倾向

NWW，西侧断裂倾向 SEE，倾角近直角，断距大于 400m。地堑两侧地层为马家沟群五阳山组灰岩，地堑部分上部地层为石炭纪砂页岩夹灰岩，下部为马家沟群八陡组灰岩。地堑部分及两侧均有岩体侵入（图 2-19）。

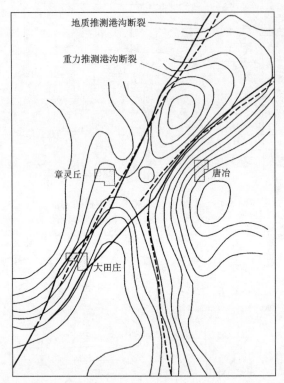

图 2-18　港沟断裂隐伏段重力异常特征（据杨丽芝，2006）

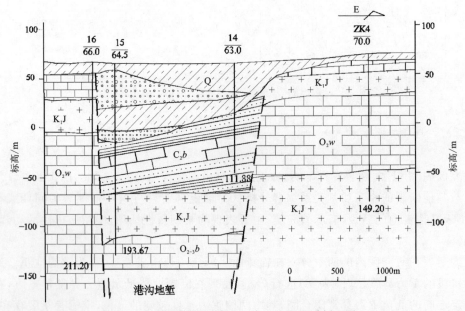

图 2-19　港沟断裂彭家庄—合二庄段地质剖面图

在断层带的主断层面上采集 ESR 测年样品,经测定其 ESR 年龄为(1426±143)ka,反映出断层最近一次显著活动时期在早更新世中期,第四纪中晚期以来没有重新活动迹象。据地震史料,2000 年 12 月 4 日该区曾发生 2.2 级地震 1 次,震中位于郭店附近,震级较弱。

(三) 近 SN 向断裂构造

研究区内 SN 向断裂不如 NW 向、NE 向断裂系统发育,但规模较大,基本是区内最晚一期构造活动,是伴随 NW—NNW 向、NNE 向断裂发展而来的。地貌上该组断裂控制了大的水系延展方向,如党家庄镇西玉符河的直角拐弯,即为近 SN 向的炒米店断裂造成的。代表性断裂为炒米店断裂、黑龙峪断裂、鹊山断裂。主要表现为张性活动。以下重点介绍炒米店断裂的特征。

炒米店断裂位于研究区西南部饿狼山东坡,南起小崮山,经范庄、炒米店,之后向北隐伏于第四系之下,经杨台向峨眉山方向延伸,总体走向近 SN,倾向 E,倾角 50°～85°,研究区内长约 18km。由一组近 SN 向展布的地垒式断裂束组成(图 2-20),在地形上表现为近 SN 向沟谷。该地垒构造南部收敛变窄,宽约 500m,北部较开阔,宽 1km。组成地垒的各条断裂均为张性,各支断裂的断距一般仅 50～60m。断裂带内均发育张性构造角砾岩。

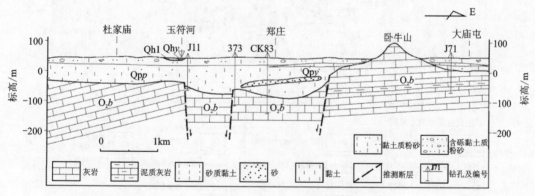

图 2-20 炒米店地垒杜庙—大庙屯地质剖面图

勘探及示踪试验证实,炒米店地垒透水性及导水性均较强。它对各含水岩组之间的水力联系和岩溶水由南向北运移起到重要作用。

该断裂在饿狼山东坡见有断面,断面平直近直立,断层总体产状为 85°∠70°。发育断层破碎带,带内充填构造角砾岩,角砾呈棱角状、次棱角状,大小混杂,钙质胶结,角砾成分为白云岩、灰岩。断层西盘岩性为炒米店组灰色厚层砾屑灰岩及泥质条带灰岩,层理产状 296°∠11°。断层东盘岩性依次为:0～8m 为三山子组 b 段灰黄色中薄层白云岩,层理产状 89°∠29°,8～85m 为三山子组 a 段灰黄色厚层含燧石结核(条带)白云岩,层理产状 85°∠8°。据三山子组及炒米店组地层厚度判断该断层性质为张性,断距约 100m。

第三节 岩浆岩

研究区内岩浆岩主要为中生代燕山晚期(白垩纪早期)中基性岩体侵入,主要为济南侵入岩体序列。区内岩体多被新生代地层覆盖,仅在匡山、药山、无影山、华山、卧牛山等地以孤山形式出露(图2-21,表2-4)。

济南东郊,即研究区东部的顿丘、鸡山、闫家峪等小岩体属于沂南序列(K_1Y)岩体,岩性主要为斑状细粒角闪闪长岩。

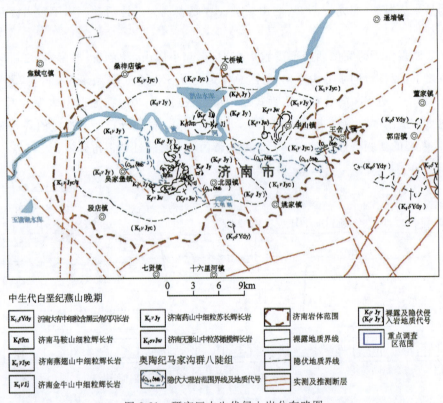

图2-21 研究区中生代侵入岩分布略图

表2-4 研究区中生代侵入岩划分表

地质年代				岩石单位			同位素年龄/Ma	代号
代	纪	世(期)	阶段	序列(岩体)	典型产地	岩性		
中生代	白垩纪	早白垩世(燕山晚期)	第二阶段	沂南(K_1Y)	核桃园	细粒角闪石英闪长岩		$K_1\delta oYh$
					邱家庄	斑状细粒角闪闪长岩		$K_1\delta Yq$
					大有	中细粒含黑云角闪闪长岩		$K_1\delta Ydy$
					西杜	中粒含黑云辉石角闪闪长岩	129	$K_1\delta Yx$

续表 2-4

地质年代			阶段	序列(岩体)	岩石单位		同位素年龄/Ma	代号
代	纪	世(期)			典型产地	岩性		
中生代	白垩纪	早白垩世(燕山晚期)	第一阶段	济南(K_1J)	马鞍山	细粒辉长岩		$K_1\eta Jm$
					燕翅山	中细粒辉长岩		$K_1\nu Jy$
					金牛山	中细粒辉长岩		$K_1\nu Jj$
					药山	中细粒苏长辉长岩	130	$K_1\nu Jy$
					茶叶山	中细粒苏长辉长岩	131	$K_1\nu Jc$
					无影山	中粒含苏橄榄辉长岩		$K_1\sigma\nu Jw$
					萌山	细粒橄榄辉长岩		$K_1\sigma\nu Jm$

济南岩体大面积分布于济南市及北部,西到韩家道口、棉花张、位里庄一带,东到王舍人庄、大小坡、北滩头、傅家庄一带,北部过黄河到桑梓店、大桥镇一带,南部接触带西起担山屯,经大杨庄、西红庙、袁柳庄、山东省体育中心、跳伞塔、体工大队、燕子山北麓,到宿家张马一线,四周均与奥陶纪灰岩接触。东西长 30km,南北宽 15.5km,分布面积 300km²。

济南岩体多呈岩瘤状产出,侵入体平面上呈椭圆形,主侵入体由内向外岩性有呈环状分布特点。外接触带地层产状均向外倾,总体北陡南缓,倾角较陡,局部直立,甚至发生倒转,岩体呈 SE 向分布,宏观上岩体北西方向厚,南东方向薄。岩体的南缘东西方向厚度变化较大,刘长山以西至小金庄一带,岩体与奥陶纪灰岩接触面很陡,厚度较大(图 2-22、图 2-23)。刘长山以东至王舍人庄一带岩浆岩多呈舌状顺层侵入奥陶纪灰岩中,厚度较薄,尤其在断裂带如

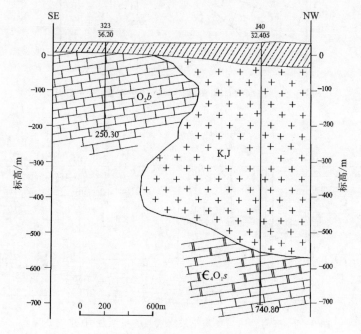

图 2-22 济南岩体与奥陶纪灰岩接触剖面图(段店)

港沟断裂、东坞断裂带,侵入岩体多呈层状产出(图 2-24、图 2-25)。由此推断济南岩体具强力就位特征。上地幔岩浆沿构造薄弱带以热气球膨胀式上侵,进入盖层后,岩浆顺着地层间的薄弱部位,由北向南侵入,经多次涌动形成济南岩体的主体。

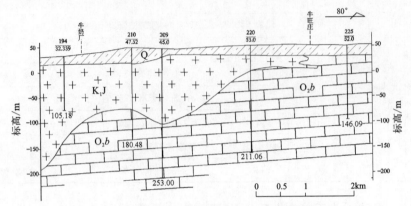

图 2-23 济南岩体与奥陶纪灰岩接触剖面图(峨眉山)

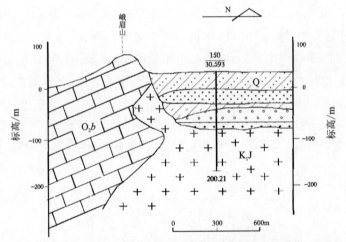

图 2-24 济南岩体与奥陶纪灰岩接触剖面图(牛旺庄)

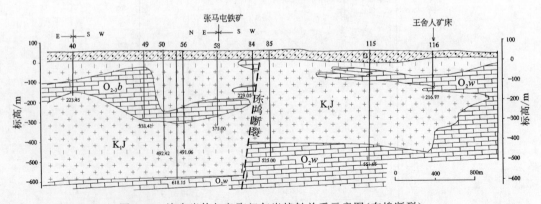

图 2-25 济南岩体与奥陶纪灰岩接触关系示意图(东坞断裂)

根据济南岩体的水平分异,又可分为3个相带,即中心相、过渡相和边缘相。中心相有两处出露,东部卧牛山、驴山一带,西部无影山、匡山一带,两处出露区呈 NE 向分布,相距10km。岩石类型复杂,西部无影山一带主要为中粒含苏橄榄辉长岩,东部卧牛山一带主要为中粒含橄榄苏长辉长岩。过渡相分布较广,华山、标山、凤凰山、金牛山、鹊山等均为过渡相岩体出露,主要岩性为中细粒辉长岩、中粒苏长辉长岩等。边缘相分布于岩体四周的接触带附近,岩石类型复杂,有苏长辉长岩、角闪苏长辉长岩、细粒辉长岩等。

岩体与奥陶系的接触带形成接触交代型济南铁矿。铁矿的物质来源主要为第一期侵入岩边缘相的苏长辉长岩和角闪岩。济南铁矿共有20余处,大多为小型矿,少数为中型矿,伴生有益元素有钴、硫、镍等,主要分布在东部地区。按地理位置可分为4个矿区,即郭店矿区、东郊矿区、东南郊矿区和西郊矿区,每个矿区包括数个大小不等的矿床。矿床多数受褶皱构造控制,多呈透镜体产于短轴背斜的轴部或两翼。

第四节 地球物理场特征

一、区域磁场特征

由于主体岩石古生代盖层属无磁性或微磁性,因此区域磁场背景在零等值线附近平缓起伏变化。按照磁场的强度、走向及变化特征,济南市区显示为近椭圆状平稳正异常区,一般为50~100nT,最高可达300nT,其应是由中生代辉长岩岩体引起的;在其北部为近 EW 向扁豆状负异常区,一般为-200~-100nT,最低可达-300nT,推测其为中生代辉长岩的北边界;研究区东侧围子山地区显示长条状近 SN 向负异常区,为-100~-50nT,推测这个地区沉积盖层之下仍有辉长岩、闪长岩系列岩体的存在,这应是沂南序列大有单元所引起的(图2-26)。

以磁性差异为基础的磁力勘探,对直接或间接划分断裂构造也有很大的作用。研究区断裂构造的磁场特征主要表现有以下几种形式:①稳定的磁异常走向错动和突然断开;②不同岩层磁场分界线;③走向狭窄的低负磁异常带等。

二、区域重力场特征

研究区内区域重力场显示波动正负重力场区,区域重力场总体在$(-20\sim-10)\times10^{-5}\mathrm{m/s^2}$之间宽缓波动变化,在其背景上济南市区为椭圆状局部正高重力异常,并显示明显的凝聚中心,其对应着济南中生代侵入体,是岩体厚度增大和岩性由边缘相向中心相过渡综合引起的。岩体最大厚度对应位于泺口—大魏家庄一带(图2-27)。

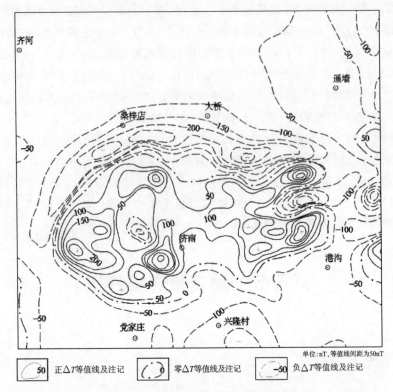

图 2-26 研究区航空磁力异常平面图

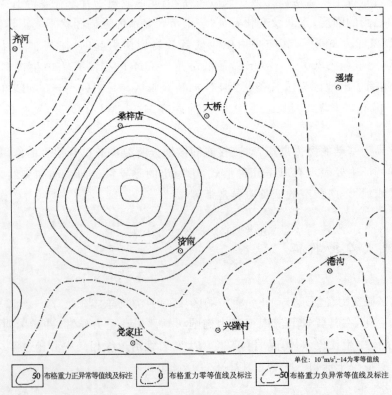

图 2-27 研究区布格重力异常平面图

重力异常在断裂构造方面主要有以下 4 种表现形式：①走向稳定的、狭窄的低负重力异常带；②宽大的低负重力异常带，反映了地堑性质的构造存在；③线性重力异常的扭曲带；④重力梯度带异常等。

研究区内辉长岩、闪长岩系列多呈岩瘤、岩株、岩盖或似层状产出，与围岩具有明显的密度和磁性差异，为重磁圈定岩体边界、确定岩体主部的空间赋存状态提供了良好的地球物理前提。根据地球物理场等所反映的深部构造特征，对济南岩体的边界进行圈定，整体表现为以走向近 EW 的不规则椭圆状（图 2-28）。根据重力场的特征，剖面上显示为上大下小的复杂似层状，岩体边界内倾。与围岩的接触界面南缓北陡、东缓西陡。并以千佛山断裂分为东、西两部分，西部厚度明显大于东部。在岩体内部发育较多的灰岩捕虏体（多已热接触变质形成大理岩包体）以及上覆残留体，由于捕虏体的存在，在岩体内部易形成重力低值带（图 2-29）。

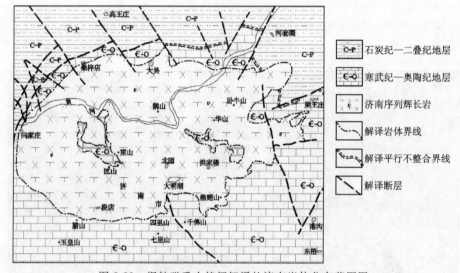

图 2-28　据航磁重力特征解译的济南岩体分布范围图

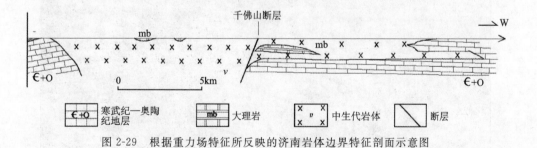

图 2-29　根据重力场特征所反映的济南岩体边界特征剖面示意图

第五节　遥感特征

研究区岩石类型繁多，各个单元由于矿物成分、结构构造不同，在遥感图像上表现出不同的影像特征。

一、地层的解译标志

研究区归属鲁西地层分区,东南部发育寒武纪—奥陶纪碳酸盐岩沉积盖层,西北部黄河横穿研究区,第四系大面积分布,其下隐伏有石炭纪—二叠纪和新近纪地层,尤其以寒武纪—奥陶纪地层最为发育,仅在郭店东北的虞山见有二叠纪石盒子群奎山组、万山组零星出露(图2-30)。

沉积地层最基本的特征是不同岩性的层状分布,在遥感图像上普遍呈条带状、条纹状影像。由于受区域构造的影响和岩层产状及地形切割程度不同,这些条带、条纹影像也随之改变,是岩石地层影像识别的最重要标志,岩石地层色调区分度较差,色调信息只作为一般参考,局部由于植被及第四系覆盖,使影像的连续性受到影响。现以群和组为单元从老至新叙述其解译标志。

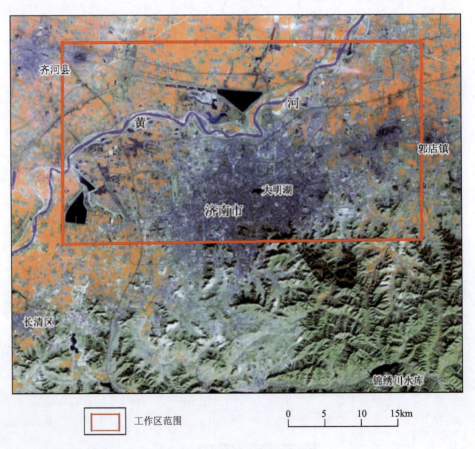

图2-30 研究区遥感影像图

1.寒武纪—奥陶纪地层解译标志

寒武纪—奥陶纪地层在研究区南部山区广泛发育,出露有长清群的朱砂洞组、馒头组,九龙群的张夏组、崮山组、炒米店组、三山子组以及马家沟群的东黄山组、北庵庄组、土峪组和五阳山组。该地层多为山地丘陵,影像上显示为绿色、青绿色调,具不规则影像特征。水系不甚发育,多呈树枝状。植被稀疏,人类活动迹象不明显,与第四系界线清晰。由于植被覆盖较为严重,群内地层之间界线无法详细解译。寒武纪—奥陶纪地层各组解译特征见表 2-5。

表 2-5　研究区寒武纪—奥陶纪地层解译标志一览表

地层	色调及界线清晰程度	纹形图案	地貌水系特征	人类活动及植被
朱砂洞组	呈绿—青绿色色调,与上港片麻状中粒含黑云奥长花岗岩界线清晰,与馒头组界线不甚清晰	清晰的条纹状影纹,延伸稳定	以高地或平缓山丘为主,水系不太发育,稀疏的树枝状水系	人类活动迹象较弱,植被发育
馒头组	呈绿色色调,与朱砂洞组和张夏组界线不甚清晰	清晰的条纹状影纹,延伸稳定	以高地或平缓山丘为主,树枝状水系、羽状水系发育	人类活动迹象较弱,植被发育
张夏组	呈绿—棕绿色色调,与周围地层界线不甚清晰	清晰的条纹状影纹,延伸稳定	以高地或平缓山丘为主,常形成高的陡坎,影像特征明显,发育少量树枝状水系及冲沟	人类活动迹象较弱,植被发育
崮山组	呈绿—青绿色色调,与周围地层界线不甚清晰	细条纹状影纹,条纹方向沟系发育	以高地或平缓山丘为主,水系不发育	人类活动迹象较弱,植被发育,并沿一定的岩层呈带状分布
炒米店组	呈绿色色调,与周围地层界线不甚清晰	清晰的条纹状影纹,延伸稳定	以高地或平缓山丘为主,发育少量树枝状水系及冲沟	人类活动迹象较弱,植被发育
三山子组	呈绿—蓝绿色色调,与周围地层界线不甚清晰	清晰的条纹状影纹,延伸稳定	以高地或平缓山丘为主,水系不发育	人类活动迹象较弱,植被发育
东黄山组	呈绿—棕绿色色调,与第四系界线清晰,与其他地层界线不甚清晰	清晰的条纹状影纹,延伸稳定	以高地或平缓山丘为主,发育少量树枝状水系及冲沟	人类活动迹象较弱,植被发育
北庵庄组	呈绿—青绿色色调,与周围地层界线不甚清晰	清晰的条纹状影纹,延伸稳定	以高地或平缓山丘为主,水系不发育	人类活动迹象较弱,植被发育
土峪组	呈绿色色调,与周围地层界线不甚清晰	清晰的条纹状影纹,延伸稳定	以高地或平缓山丘为主,发育少量树枝状水系及冲沟	人类活动迹象较弱,植被发育
五阳山组	呈绿—蓝绿色色调,与周围地层界线不甚清晰	清晰的条纹状影纹,延伸稳定	以高地或平缓山丘为主,水系不发育	人类活动迹象较弱,植被发育

2. 第四纪松散堆积物解译标志

研究区内新生代地层分布比较局限,以大面积的第四系发育为特征。

研究区第四纪松散堆积物大面积分布于研究区西北部黄河两岸以及南部山区丘陵前缘地带。在遥感影像图上第四系一般呈绿—黄绿—黄褐色色调,水系呈灰—灰白色色调的弯曲带状影像,水体呈黑—蓝黑色。耕地呈不规则稀疏格子状影像。人工改造强烈,随农作物、植被情况的不同,色调变化较大。

研究区第四纪地层有黄河组、临沂组、白云湖组、黑土湖组、大站组、平原组 6 个组级岩石地层单位。根据色调、影纹结构、水系、植被发育程度及分布等特征能区分出黄河组、沂河组、白云湖组等地层的分布界线。第四纪松散堆积物与基岩间更容易区分。

第四系分布于河流两侧及丘陵坡前地带,影纹较为细腻,多为较规则的条块状图案,呈现为较平坦开阔的低洼地貌,水系发育中等,人类活动改造强烈。

基岩:分布于丘陵区,影纹较粗糙,呈斑点状、云朵状及不规则条块状,地貌特征为丘陵和山地等正地形,冲沟发育,人类改造迹象相对较弱。

二、侵入岩的解译标志

研究区侵入岩不发育,主要发育中生代侵入岩济南序列,集中分布于济南市区的凤凰山、标山、匡山、药山、燕子山及济南北部的鹊山、华山、卧牛山和唐冶围子山等地;新太古代变质基底上港片麻状奥长花岗岩仅分布于西营—锦绣川水库一带;南官庄中细粒变辉长岩(斜长角闪岩)以包体的形式赋存于上港片麻状奥长花岗岩中;研究区各个界面薄弱处多发育中生代脉岩,岩性主要为闪长玢岩或煌斑岩等,多顺层呈岩床状产出。侵入岩解译标志见表 2-6。

表 2-6 侵入岩解译标志一览表

岩体	色调及界线清晰程度	纹形图案	地貌水系特征	人类活动及植被
南官庄中细粒变辉长岩(斜长角闪岩)	呈绿—青绿色色调,与包裹的新太古代变质基底上港片麻状奥长花岗岩界线不甚清晰	清晰的条纹状影纹,延伸稳定	以高地或山丘为主,水系不太发育,发育有稀疏的树枝状水系	人类活动迹象较弱,植被发育
上港片麻状中粒含黑云奥长花岗岩	呈青绿色色调,与第四系界线清晰,与长清群、九龙群等界线不甚清晰	清晰的条纹状影纹,延伸稳定	以高地或山地为主,树枝状水系、羽状水系发育	人类活动迹象较弱,植被发育
大有中细粒含黑云角闪闪长岩	深绿—青绿色色调,侵入于望府山条带状英云闪长质片麻岩中,与之界线不甚清晰	清晰的条纹状影纹,延伸稳定	以高地或平缓山丘为主,发育少量树枝状水系及冲沟	人类活动迹象较弱,植被发育

三、线性构造影像特征及其地质意义

研究区构造的解译效果较好,区域脆性断裂在影像上有清晰的显示。区内的脆性断裂非常发育,是研究区内主要构造类型,韧性剪切带发育不甚强烈。脆性断裂控制着古生代盖层及侵入岩的展布,在影像上呈线状、舒缓波状延伸,常表现断裂两侧色调和影像组合的不同特征,断裂规模越大,被错断地层变化就越大,在影像上反映得越清楚。

根据脆性断裂发育方向,研究区构造大致可划分为 NE(含 NEE)向、NW(含 NNW)向和近 EW 向、近 SN 向 4 组,以 NW(含 NNW)向、NE(含 NEE)向及近 SN 向断裂为主,主要的脆性断裂构造为港沟断裂、千佛山断裂、东坞断裂和炒米店断裂等。现将研究区规模较大的断裂影像特征分述如下。

1. NW(含 NNW)向断裂

NW 向断裂构造是区内最发育的断裂系列,该系列断裂的规模一般都比较大,由多条分支断裂组成,规模较大者主要有千佛山断裂和东坞断裂。沿走向呈舒缓波状延伸,有十几米至上百米宽的破碎带,延伸达几十米。该系列断裂在遥感影像上显示为十分清晰的线性构造,主要表现为呈直线状或舒缓波状的色调异常线或色调异常带,对区内寒武纪—奥陶纪沉积盖层的展布有一定的控制作用,地貌上控制着大的水系延展方向,并形成断层陡坎和正、负地形界线。

千佛山断裂:研究区内南起孤山,经天井峪、丁字寨穿越千佛山,经南郊宾馆东北角进入济南市区被第四系及城区覆盖。断裂两侧及断裂带中间影像特征差异明显,显示出断裂带对地层的分布有着显著的控制作用。断裂孤山段北东盘为新太古代变质基底上港灰白色中粒含黑云奥长花岗岩,表现为青绿色色调;断裂南西盘为寒武纪长清群馒头组上页岩段砖红色易碎页岩夹粉砂岩,呈均匀的青黄色色调;断裂中段至北段两侧影像差异较小。

东坞断裂:南起西营经黄寨在东梧为 NE 向左而-蟠龙断裂截切,后经港沟西山,被港沟断裂截切后,经刘志远延伸过黄河。其南段错断上港片麻状中粒含黑云奥长花岗岩与九龙群炒米店组,北东盘表现为青黄色色调,南西盘呈均匀的青绿色色调;断裂中段错切寒武纪—奥陶纪地层;断裂北段为大片第四系及城区覆盖,遥感影像特征不明显。

2. NE(含 NEE)向断裂

研究区内 NE 向断裂发育,从该断裂体系与其他断裂的相互切割关系及综合分析认为该方向断裂属于较晚一期的断裂构造,或切割 NW 向断裂,或被 NW 向断裂限制,代表性断裂为港沟断裂。

港沟断裂:是由数条不同规模、性质相近的 NNE 向断裂组成的断层束,其南起小佛寺,经猪耳顶东脚山、港沟西山、莲花山,向北隐伏于第四系之下。该断裂在幅区南部道沟切割千佛山断裂、黄钱峪断裂,在郭家庄为左而-蟠龙断裂所切割,在小汉峪截切东坞断裂,断裂两盘影像特征差异不大,呈断续的线状延伸。断裂南段错断上港片麻状中粒含黑云奥长花岗岩与九龙群炒米店组,北东盘表现为青黄色色调,南西盘呈均匀的青绿色色调;断裂中段错切寒武纪—奥陶纪地层,遥感影像线性特征明显,北段为大片第四系及城区覆盖,遥感影像特征不明显。

3. 近 SN 向断裂

研究区内 SN 向断裂不如 NE 向、NW 向断裂发育,但规模较大,基本是区内最晚的一期构造活动,地貌上控制着大的水系延展方向,如在党家庄镇西玉符河的直角拐弯,即为炒米店断裂所造成,代表性断裂为炒米店断裂、黑龙峪断裂。

炒米店断裂:位于研究区西南部饿狼山东坡,为一组 E 倾、近 SN 向展布的断裂组成,构成地堑。断裂南起崮山,经炒米店后向北隐伏于地下。遥感影像上有清晰的显示,东盘表现为青灰色色调;西盘呈均匀的深绿色色调,影像图案为不规则状,发育稀疏的树枝状水系,植被不甚发育。在地貌上多控制水系的展布与地形的变化。

第三章 济南岩体

第一节 济南岩体形成背景

一、地质背景

作为地球上最为古老的克拉通之一,华北克拉通上保存有 38 亿年的古老陆壳残余。自太古宙陆壳形成以后,经历了新太古代和古元古代多期地质事件,导致了陆壳的增生和拼贴,并最终于 18 亿年左右完成基底的克拉通化作用,形成统一稳定的结晶基底。

华北克拉通分为三部分,由两个太古宙地块(西部陆块和东部陆块)以及中间的内部造山带组成(图 3-1)。基底岩石的同位素年龄和岩石组合、构造演化以及变质 P-T-t 轨迹的研究表明,内部造山带是东部陆块和西部陆块在古元古代(18.5 亿年)碰撞缝合而成。华北克拉通的基底主要由新太古代到古元古代的 TTG(指 Trondhjemite:奥长花岗岩、Tonalite:英云闪长岩、Granodiorite:花岗闪长岩)片麻岩和基性麻粒岩、角闪岩组成。

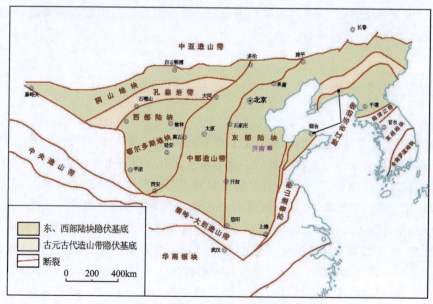

图 3-1 华北克拉通基底构造示意图

华北克拉通自克拉通化完成之后,晚古生代以来相继经历了一系列强烈的地质构造演化。在北部主要表现为晚古生代中亚造山带及以北陆块俯冲闭合和随后与华北陆块之间的碰撞,在南部体现为华南陆块与华北陆块碰撞拼合后的陆内造山及造山后伸展,在东部则有古太平洋板块向包括华北在内的欧亚大陆的交替俯冲消减和弧后拉张,以及华北内部规模巨大的郯庐断裂走滑活动等。这些复杂的综合作用导致华北不同块体单元岩石圈构造格局、物质组成和热状态在中、新生代发生了重大变化,主要体现在西部陆块的岩石圈厚度大,地温梯度低,地表热流值低,没有经历明显的岩石圈减薄和大规模的岩浆作用。相反,东部陆块则被认为自中、新生代以来经历了广泛的构造和热活化,使长期稳定存在的古老克拉通型岩石圈地幔发生了显著的减薄,大陆岩石圈地幔的性质和稳定性也发生了显著的改变,并最终被亏损的岩石圈地幔所置换,同时伴随有中生代尤其是早白垩世广泛的岩浆作用。

华北克拉通东南部与大别-苏鲁造山带相接(图3-1)。大别-苏鲁造山带是横贯于中国东部的一条巨型复合大陆造山带,是世界上出露规模最大、最广泛的高压—超高压变质带。在碰撞发生之前,苏鲁地体与大别地体是连成一体的。碰撞发生后,构造运动使得该变质带东段的苏鲁地体沿郯庐断裂带左行平移了至少500km。郯庐断裂带在空间上贯穿华北克拉通东部,并且将大别-苏鲁造山带大规模左行错开,其形成和发展是多期、多阶段的,性质也多次转换。

华北克拉通经历了一系列的构造破坏事件,表现为自西向东增强的现象,现今岩石圈厚度也明显表现为向东逐渐变薄的状况,而郯庐断裂带就位于东侧破坏最强的部位。资料显示,郯庐断裂带自中生代以来活动强烈,对我国东部,尤其是断裂带及其邻近地区的沉积环境、岩浆活动、矿产分布、断裂活动以及地震都有明显的控制作用,在演化的不同阶段,都伴生了火山喷发作用,成为近代中国东部最大的地震活动带。郯庐断裂带的走滑作用很有可能已经切穿整个地壳,深达壳幔边界,其伴随的减压作用、摩擦生热引发了壳幔相互作用下的大规模部分熔融。郯庐断裂带的岩浆活动,与中国东部中生代时的大规模岩浆活动同期,是环太平洋火山作用带的一部分,岩浆活动引发华北克拉通东部岩石圈较大规模的熔融,改变了岩石圈结构、密度及热化学状态,这些现象均指示郯庐断裂带为岩石圈内的薄弱带,可能是华北克拉通岩石圈减薄中的强减薄带。

二、岩浆岩侵入机制

研究区中生代岩浆活动强烈,形成含苏橄榄辉长岩、苏长辉长岩、辉长岩、辉石闪长岩、角闪闪长岩、辉石二长岩及辉石正长岩等岩石系列组合。其中以济南辉长岩(1.30亿年)为典型代表,这表明在这一时期必定发生了剧烈的地质构造事件,岩浆形成时的温度较高、压力较大,而导致该温压条件的因素,可能为加厚的陆壳或者板块碰撞俯冲带。

研究区位于鲁西华北板块稳定区,结合区域构造演化特征,印支期的华北板块与扬子板块的陆陆碰撞,使鲁西发生区域性穹状隆起、持续抬升、地壳加厚成为可能;另外鲁西地区均缺失中三叠世—早侏罗世的沉积地层,说明该时期鲁西处于稳定抬升阶段。部分资料表明陆壳加厚阶段为燕山早期,其陆壳厚度可能达到了榴辉岩的形成深度。随着密度的增大,使得过厚的岩石圈根重力不稳定,岩石圈从下地壳的位置断离并沉入软流圈。在岩石圈拆沉的过程中,下地壳可能发生部分熔融,产生具有 TTG 性质的流体;此后,拆沉的下地壳和岩石圈地幔由于岩石圈拉张/减薄而恢复活动,产生具有类似 EMⅠ型(火山岩 Sr-Nd-Pb 同位素关系图解中)地幔端元特征的玄武质岩浆,在强烈伸展环境的地球动力学背景下沿构造薄弱带上侵,经过多期次涌动、脉动形成济南序列侵入体(图 3-2)。岩石圈拆沉模式能较好地解释济南辉长岩的成因。

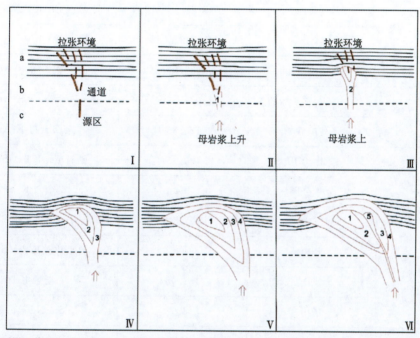

1. 无影山单元;2. 药山单元;3. 金牛山单元;4. 燕翅山单元;5. 马鞍山单元;a. 盖层;b. 地壳;c. 上地幔

图 3-2　济南序列侵位机制理想模式示意图(Ⅰ～Ⅵ表示演化顺序)

研究区中生代侵入岩形成时代为 1.3 亿年,该期岩浆事件应是燕山早期古太平洋板块向欧亚板块俯冲陆壳增厚,后发生岩石圈拆沉,在这一地球动力学背景下,在源区上地幔形成了先前拆沉的早期壳源物质的熔融以及与岩石圈地幔的混合玄武质母岩浆,最终燕山晚期岩石圈拉张/减薄使得上地幔重新活化,造成在区域伸展构造背景下玄武质母岩浆得以上侵。

三、形成时代分析

研究区东南部济南序列燕翅山单元侵入寒武纪—奥陶纪沉积盖层,研究区西北部钻孔中可见其侵入石炭纪—二叠纪沉积盖层,说明其形成时代应晚于二叠纪。

济南地区是济南序列层型所在,很多科研院所、地质队及个人在此区做过大量的工作,取得了较多的年龄数据,限于当时的测试方法、技术手段及地质认识的限制,使得较多的年龄数据可利用度较低(表 3-1)。

表 3-1　济南辉长岩同位素地质年龄一览表

岩体	采样地点	年龄值/Ma	测试方法
帘石脉	鹊山	130.5±1.5	锆石 LA-ICP-MS U-Pb
帘石脉	马鞍山	125.59±0.73	锆石 LA-ICP-MS U-Pb
马鞍山	马鞍山	128.22±0.82	锆石 LA-ICP-MS U-Pb
	鹊山	1 888.2±6.2	锆石 LA-ICP-MS U-Pb
马鞍山(脉)	五顶茂陵山	82.6	黑云母 K-Ar
燕翅山	黄台铁矿	130.9±2.4	黑云母 K-Ar
	张马屯铁矿	128.35	黑云母 K-Ar
金牛山	鹊山、华山	130±3	锆石 LA-ICP-MS U-Pb
	金牛公园	164	全岩 K-Ar
药山	匡山	127±2	锆石 LA-ICP-MS U-Pb
	药山	131±2	锆石 LA-ICP-MS U-Pb
	华山	182.08	全岩 K-Ar
	华山	246.98	Sm-Nd 等时线
无影山	无影山	276	全岩 K-Ar
	驴山	257.8	全岩 K-Ar
	卧牛山	162.3±1.5	锆石 LA-ICP-MS U-Pb

杨承海等(2005)对济南序列进行了 LA-ICP-MS U-Pb 测年,所取得年龄数据基本上已为大家所接受。根据济南序列的药山、华山、鹊山及匡山,辉长岩部分锆石的阴极发光(CL)图像(图 3-3),可以看出药山、华山、鹊山及匡山辉长岩中锆石内部结构均匀,都表现出条带状的均匀吸收,锆石多呈长条状,具有典型岩浆岩锆石特征,锆石具有高 Th/U 比值(0.44~1.46)。

a.鹊山;b.华山;c、d.药山;e.匡山

图 3-3　济南辉长岩中锆石阴极发光(CL)图像(据杨承海等,2005)

杨承海等对济南辉长岩中的药山、华山、鹊山及匡山分别进行了锆石分选和 LA-ICP-MS U-Pb 测年。从图 3-4 中可以看出，济南辉长岩药山岩体中锆石 LA-ICP-MS U-Pb 测年结果都集中于谐和线 $(124±2) \sim (138±2)$Ma 之间(图 3-4a)，锆石 ^{206}Pb/^{238}U 年龄的加权平均值为 $(132±2)$Ma(图 3-4b)；由于鹊山和华山分析点较少，从图 3-5 可以看出鹊山和华山岩体中锆石的 LA-ICP-MS U-Pb 分析结果介于 $(125±2) \sim (142±4)$Ma 之间，锆石 ^{206}Pb/^{238}U 年龄的加权平均值为 $(130±3)$Ma(图 3-5a)；匡山岩体中的锆石 ^{206}Pb/^{238}U 年龄介于 $(121±2) \sim (131±1)$Ma 之间，加权平均值为 $(127±2)$Ma(图 3-5b)；对药山、鹊山和华山岩体样品综合分析，锆石 ^{206}Pb/^{238}U 年龄的加权平均值为 $(130.8±5)$Ma。

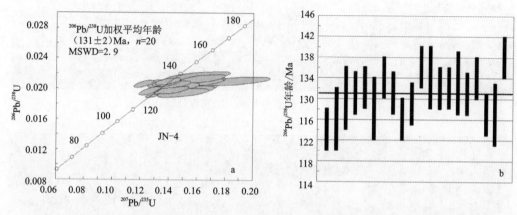

图 3-4 济南序列药山岩体锆石 LIMS U-Pb 谐和图(a. U-Pb 谐和图；b. 加权平均年龄图)

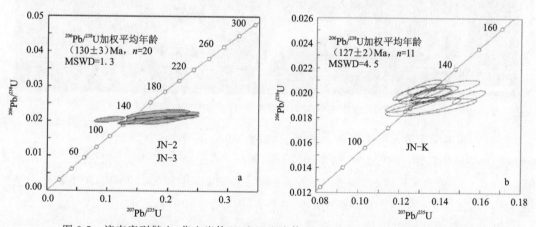

图 3-5 济南序列鹊山、华山岩体(a)和匡山岩体(b)锆石 LA-ICP-MS U-Pb 谐和图

山东省地质科学研究院分别在鹊山、马鞍山和卧牛山采集帘石脉、辉石二长岩、中粒含苏橄榄辉长岩，野外观察到帘石脉的形成明显晚于马鞍山单元的辉石二长岩。锆石分选鉴定 LA-ICP-MS U-Pb 测年，其中仅马鞍山以及鹊山样品年龄值较为理想，锆石内部结构均匀，都表现出条带状的均匀吸收，锆石多呈长条状，具有典型岩浆岩锆石特征(图 3-6、图 3-7)，锆石 ^{206}Pb/^{238}U 加权平均年龄分别为 $(125.59±0.73)$Ma、$(128.22±0.82)$Ma 和 $(130.5±1.5)$Ma。

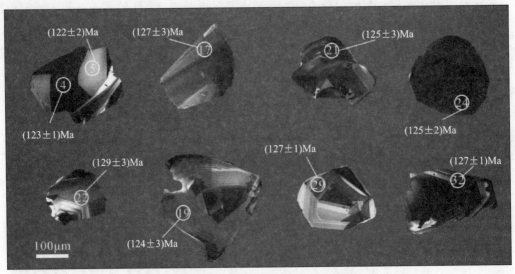

图 3-6 帘石脉锆石阴极发光(CL)图像(马鞍山)

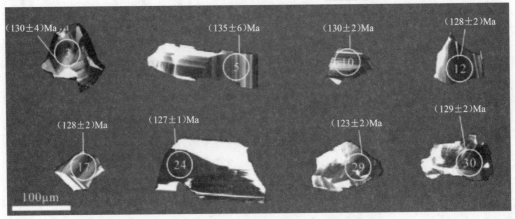

图 3-7 辉石二长岩锆石阴极发光(CL)图像(马鞍山)

这与鲁西中生代侵入岩中角闪石和黑云母的 Ar-Ar 定年结果(132~124Ma；许文良等，2004)、锆石 SHRIMP U-Pb 定年结果相吻合。同时与华北克拉通东部(胶东和辽东)中生代侵入岩(辉长岩和花岗质岩石)中锆石 LA-ICP-MS U-Pb 定年和 SHRIMP U-Pb 定年的结果相一致。总之这些定年结果表明济南序列的形成时代应为 130Ma 左右。

综上所述，研究区中生代侵入岩形成时代为 130Ma 左右，应是形成于早白垩世燕山晚期。

四、济南岩体形成

华北陆块自克拉通化之后基本处于相对寂静的稳定发展阶段。直至进入中生代，华南陆块与华北陆块之间的 NW 向俯冲碰撞引起华北克拉通破坏，东部岩浆活动广泛而强烈，形成各种类型的火山岩、中基性侵入岩、煌斑岩、花岗—花岗闪长质浅层侵入体和杂岩体（带），并以中酸性侵入岩和火山岩为主。根据火成岩最新的同位素年代学研究结果，华北克拉通东部中生代岩浆活动划分为中晚三叠世(230～205Ma)岩浆活动、早侏罗世(190～175Ma)岩浆活动、晚侏罗世(165～140Ma)岩浆活动、早白垩世(140～110Ma)岩浆活动、晚白垩世(100～65Ma)岩浆活动。

早白垩世岩浆岩作用是中生代岩浆作用最为强烈的华北克拉通东部乃至整个中国东部最重要、最强烈的一期岩浆活动，早白垩世也是中国东部主要的成矿期和盆山体系的形成时期，该时期整个中国东部处于强烈的伸展环境，幔源岩浆和壳源岩浆同时存在，岩浆活动形成了不同岩性的侵入岩和大量的火山岩（图3-8）。

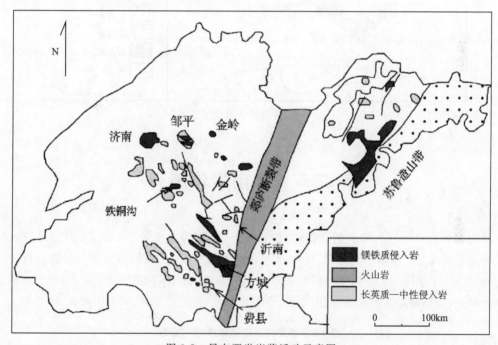

图3-8　早白垩世岩浆活动示意图

在白垩纪早期，受太平洋板块俯冲挤压，华北板块拆沉熔融，华北克拉通东部减薄，岩浆热液沿齐-广深大构造（薄弱带）上涌，并自北向南沿寒武纪—奥陶纪软弱层大规模侵入到沉积地层，岩浆熔融围岩形成不规则侵入体，随后地层抬升剥蚀，现多被新生代第四纪沉积层所覆盖，仅有部分孤山出露。由于岩体以辉长岩为主，并处于济南市中心区域，学术界称其为济南辉长岩体（或济南岩体）。

现今济南岩体主要由市区西北部及其东北地区的一系列的小岩体组成，包括市区的匡山、无影山、金牛山、马鞍山、凤凰山和北部的鹊山、药山以及东部的华山、卧牛山等（图3-9）。济南岩体岩性主要由辉长岩及辉石二长岩组成，其中辉长岩是济南岩体的主体，由橄榄二辉岩-暗色橄榄苏长辉长岩-橄榄苏长辉长岩-斜长岩系列组成。

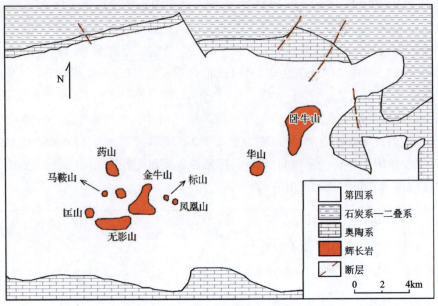

图 3-9　济南岩体侵位示意图

第二节　济南岩体序列

济南岩体岩性主要为辉长岩、辉石二长岩，岩石类型为基性岩—中性岩，以发育基性岩—辉长岩为主要特征。根据时空分布、矿物组合、岩性特征及接触关系，结合年代学特征将中生代侵入岩划分为1个序列7个单元。其中茶叶山单元、萌山单元不在本次研究区内，研究区内仅涉及5个单元，分别为无影山单元、药山单元、金牛山单元、燕翅山单元、马鞍山单元（表3-2）。

表 3-2　研究区济南岩体序列一览表

序号	序列	单元	主要岩石类型	分布位置
1	济南序列	无影山单元	中粒含苏橄榄辉长岩	原无影山、匡山和南北卧牛山—驴山一带，以及标山和凤凰山等地
2		药山单元	中粒苏长辉长岩	药山、凤凰山、标山、华山、无影山南北两侧、匡山西坡及马鞍山、粟山等地
3		金牛山单元	中细粒辉长岩	鹊山、华山、山东省气象局、济南市立四院（原无影山北坡、金牛山南坡）一带
4		燕翅山单元	细粒辉长岩	在茂陵山、燕翅山及药山西北坡有零星露头
5		马鞍山单元	中细粒辉石二长岩	马鞍山、粟山及黄河北鹊山一带

一、无影山单元

(一)地质特征

无影山单元主要分布于山东省医科院附属医院—山东科技大学济南校区(原无影山)、匡山和南北卧牛山—驴山一带,在标山及凤凰山等地也有小面积出露。无影山侵入体平面上呈扁豆状,近EW向展布,长约5km,宽约1.6km;卧牛山侵入体平面上呈不规则椭圆状,NNE向展布,长约3.5km,宽约1.2km,另外在药山可见该单元的球状或椭圆状包体,大小不一,一般30cm×50cm,两者呈渐变过渡关系。在该侵入体的中心部位普遍可见有橄榄岩类包体,特别是无影山南路一带,包体形状不规则,长者可延伸100多米,并且斜长岩脉也较发育,斜长岩脉多为不规则肠状或斜尖锥状,宽一般1~3cm,延伸不远(图3-10)。包体岩性主要为含长单辉橄榄岩,包体大小不等,形态各异,最大者5m左右,小者仅数厘米。有不规则状、椭球状、条带状等形状,呈条带状的包体展布方向与岩石的流动构造方向基本一致,包体与围岩的关系为突变关系,其应为深源包体。

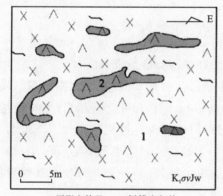 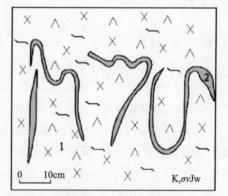

1.无影山单元; 2.橄榄岩包体　　　　1.无影山单元; 2.斜长岩脉

图3-10　无影山单元中橄榄岩包体(无影山)及斜长岩脉(匡山)特征

总体看来无影山单元被药山单元脉动侵入。无影山侵入体现已为城区建筑所覆盖,基本不见露头,驴山也已被开采殆尽,南北卧牛山受后期保护残余部分山体,现已开发为公园,仅匡山仍保留完好。

(二)岩学特征

无影山单元主体岩性为中粒含苏橄榄辉长岩,部分鉴定结果为中细粒橄榄苏长辉长岩、中粒含橄榄苏长辉长岩,岩石风化面为暗褐红色,新鲜面为灰黑色,中细粒辉长辉绿结构,块状构造,局部因暗色矿物或长石富集成条带状,普遍发育球状风化,节理发育。主要矿物含量为斜长石40%~60%,橄榄石8%~15%,普通辉石15%~20%,紫苏辉石3%~10%,黑云母含量集中在2%～3%之间，磁铁矿2%～3%，次生矿物复杂，多可见绢云母、绿泥石、伊丁石、方解石、阳起石等，个别样品中见白云母，含量为2%～5%。副矿物主要为磷灰石、榍石以及微量磁铁矿、钛铁矿等。

斜长石：为自形—半自形板柱状，$d=0.5\sim2mm$，聚片双晶发育，用双晶带最大消光角法实测An60♯拉长石。晶体新鲜，无蚀变，多数晶体是复合双晶。

单斜辉石：主要为普通辉石，半自形柱状，$d=1\sim3mm$，晶体内有大量包体，有的为钛铁矿包体沿解理面排列，成席列构造。

斜方辉石：主要为紫苏辉石，半自形柱状，$d=1\sim3mm$，晶体纯净无蚀变，微多色性，Np具淡玫瑰色多色性。

橄榄石：多为贵橄榄石，半自形柱状，$d=1\sim2.5mm$，有的晶体被紫苏辉石包嵌，被包嵌的晶体一般较小，$d=0.3mm$左右。

黑云母：为他形片状，$d=0.1\sim1mm$，具褐红色多色性，为富钛黑云母，它与磁铁矿伴生，有的黑云母包裹磁铁矿。

磁铁矿：为粒状，$d=0.2\sim1mm$，大颗粒呈他形晶，充填在长石、辉石之间。

该岩石中斜长石自形程度相对较高，辉石等暗色矿物自形程度相对较差，呈辉长辉绿结构。

(三) 岩石化学特征

岩石化学成分：SiO_2含量46.8%～50.05%，为基性岩特征，Al_2O_3含量10.95%～15.82%，全碱(K_2O+Na_2O)含量1.54%～2.78%，MgO含量10.30%～15.50%，TFe($FeO+Fe_2O_3$)含量9.58%～14.34%，与中国主要岩浆岩平均化学成分(黎彤等，1963)辉长岩相比较，全碱含量明显偏低，CaO含量明显偏高，MgO及TFe含量相当；里特曼指数σ为0.48～1.50，多集中在1.3左右，碱度率AR为1.15～1.27，过铝指数A/CNK为0.48～0.69，属于偏铝质钙性岩石；分异指数DI为12.10～22.09，固结指数SI为39.85～57.75，反映岩石分离结晶程度较低，分异较差；长英质指数FL为13.04～23.05，指示基性岩特征；氧化率OX为0.73～0.76，较高，表明岩浆侵位较浅。

在TAS图解上投点，8个样品均落入辉长岩区域(图3-11)。

(四) 地球化学特征

1. 稀土元素特征

稀土总量$\Sigma REE=(38.85\sim63.62)\times10^{-6}$，$\Sigma LREE=(25.69\sim44.75)\times10^{-6}$，$\Sigma HREE=(13.16\sim19.80)\times10^{-6}$，稀土总量明显偏低，轻稀土含量明显高于重稀土；$\delta Eu=0.95\sim1.45$，Eu异常明显；$(La/Yb)_N=2.9\sim7.37$，$(Ce/Yb)_N=2.45\sim3.58$，反映了LREE和HREE分馏程度均不好；$(La/Sm)_N=1.21\sim2.40$，轻稀土元素弱富集，重稀土元素略亏损。在稀土配分曲线(图3-12)上，无影山单元表现为右缓倾斜，轻稀土、重稀土分馏不明显，总体具有明显的正Eu异常，为轻稀土弱富集型。

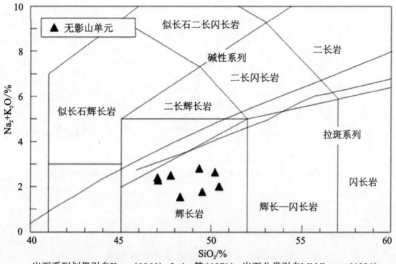

岩石系列划界引自Kuno（1966），Irvine等（1971）；岩石分类引自Middlemost（1994）

图 3-11　无影山单元 TAS 图解

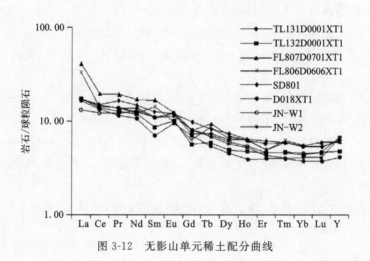

图 3-12　无影山单元稀土配分曲线

2. 微量元素特征

在微量元素蛛网图（图 3-13）上，大离子亲石元素 Ba、Sr、Hf 明显富集，Nb、Ta、Zr 明显亏损，轻稀土元素弱富集，重稀土元素略亏损，Eu 元素为正异常。Ba、Sr、Hf 的富集及 Nb、Ta、Zr 的负异常表明岩浆活动过程中可能是上地幔与早期地壳物质在源区的混合结果，且与副矿物金红石的产生有关。

（五）副矿物特征

无影山单元副矿物组合为磷灰石＋金红石型，副矿物主要有磷灰石、金红石及微量的钛铁矿、黄铁矿、磁铁矿等。

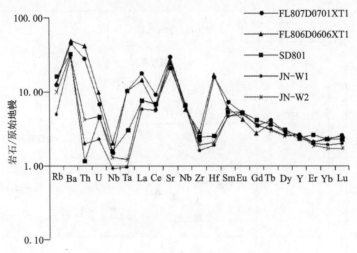

图 3-13　无影山单元微量元素蛛网图

锆石:黄粉—深粉色,次浑圆柱状、断柱状、个别为半自形双锥柱状及断柱状,透明,金刚光泽,高硬度,个别晶内可见黑色固相包体,大部分晶棱、晶面模糊不清,个别棱角钝化,伸长系数在 1.2～2.3mm 之间,粒径 0.02～0.13mm,个别可达 0.27mm。

磷灰石:无色至白色,次浑圆粒状、柱状、次棱角块状,透明—半透明,玻璃光泽,中硬度,粒径 0.01～0.23mm。

金红石:红色,次浑圆柱状,半透明,油脂光泽,高硬度,粒径 0.05～0.12mm。

钛铁矿:黑色,次棱角块状,不透明,金属光泽,高硬度,粒径 0.05～0.25mm。

黄铁矿:铜黄色,棱角块状,不透明,金属光泽,高硬度,粒径 0.05～0.18mm。

磁铁矿:黑色,棱角—次棱角块状、半自形八面体,不透明,金属光泽,高硬度,粒径 0.01～0.15mm。

辉铜矿:灰黑色,次浑圆粒状、厚板状,不透明,金属光泽,低硬度,粒径 0.02～0.15mm。

二、药山单元

(一)地质特征

该单元主要分布于药山、凤凰山、标山、华山、无影山南北两侧、匡山西坡及马鞍山、粟山等地,其中药山侵入体最大,均呈不规则状,涌动或脉动侵入无影山单元,与无影山单元呈渐变过渡关系,其应为济南序列辉长岩的主要侵入体。在药山可见无影山单元的球状包体,但界线不清晰,为渐变过渡关系。

调查中发现,在匡山药山单元与无影山单元具明显的侵入界线,界线清晰,方向近南北,西侧暗色条带发育粒度明显偏粗,且多见辉石聚集体(析离体),呈似斑状的药山单元岩体枝杈状脉动侵入无影山单元,东侧的无影山侵入体可见明显平行侵入界线流面的辉石定向现象,离界线愈远辉石定向现象愈弱,暗色矿物含量明显增高,且岩性较均一(图3-14)。

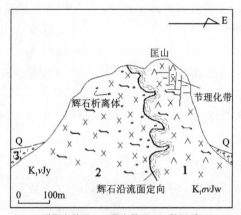

1. 无影山单元; 2. 药山单元; 3. 第四系

图3-14 药山单元脉动侵入无影山单元(匡山)

另外在匡山山包的东北角岩石节理构造发育,见一组共轭节理。一组走向70°,近直立,具左阶排列特征,表现为右行活动,发育密度为50cm/条。另一组走向10°,近直立,但不甚发育。前者被后者所切割。

(二)岩石学特征

药山单元主体岩性为中粒苏长辉长岩,岩石风化面为暗褐红色,新鲜面灰黑色,中粒辉长辉绿结构,块状构造,岩性较均一。主要矿物含量为斜长石50%～55%,普通辉石20%～35%,紫苏辉石15%～20%,黑云母含量集中在3%～5%之间,磁铁矿2%～3%,部分薄片中镜下可见少量钾长石,含量1%左右。副矿物主要为磷灰石、金红石及微量磁铁矿、钛铁矿等。

斜长石:半自形板柱状,$d=1$～2.5mm,聚片双晶发育,多数晶体是复合双晶,用双晶带最大消光角法实测An61♯拉长石。晶体新鲜,无蚀变。

单斜辉石:主要为普通辉石,半自形柱状,$d=1$～3mm,晶体内有大量包体,有的有钛铁矿包体沿解理面排列,成席列构造。

斜方辉石:主要为紫苏辉石,半自形柱状,$d=1$～2mm,晶体纯净无蚀变,微多色性,Np具淡玫瑰色多色性,分布比较均匀。

黑云母:为他形片状,$d=0.5$～1mm,具褐红色多色性,为富钛黑云母,它与磁铁矿伴生,有的黑云母包裹磁铁矿。

磁铁矿:为粒状,$d=0.1$～0.5mm,有的为辉石包裹,与黑云母伴生。

该岩石中斜长石自形程度较辉石等暗色矿物自形程度相对较高,呈辉长辉绿结构。

(三)岩石化学特征

岩石化学成分: SiO_2含量50.44%～51.32%,为基性岩特征,Al_2O_3含量14.63%～16.59%,全碱(K_2O+Na_2O)含量2.97%～3.66%,MgO含量7.36%～11.76%,TFe(FeO+

Fe_2O_3)含量 8.90%~9.96%,与中国主要岩浆岩平均化学成分(黎彤等,1963)苏长辉长岩相比较,全碱含量明显偏高,TFe 明显偏低,CaO、MgO 含量基本相当;里特曼指数 σ 为 1.00~1.61,多集中在 1.3 左右,碱度率 AR 为 1.25~1.37,过铝指数 A/CNK 为 0.63~0.73,属于偏铝质钙性岩石;分异指数 DI 为 24.55~28.80,固结指数 SI 为 38.86~43.99,反映岩石分离结晶程度较低,分异较差;长英质指数 FL 为 21.85~30.22,指示基性岩特征;氧化率 OX 为 0.70~0.72,较高,表明岩浆侵位较浅。

在 TAS 图解上投点,8 个样品中 7 个落于辉长岩区,1 个落入辉长—闪长岩区(图 3-15)。

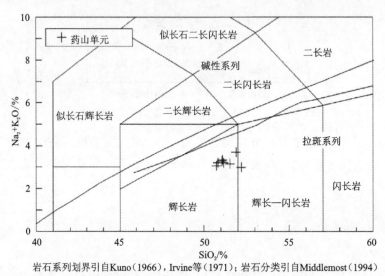

岩石系列划界引自Kuno(1966),Irvine等(1971);岩石分类引自Middlemost(1994)

图 3-15 药山单元 TAS 图解

(四)地球化学特征

1. 稀土元素特征

稀土总量 $\sum REE=(39.08\sim92.11)\times10^{-6}$,$\sum LREE=(25.06\sim66.21)\times10^{-6}$,$\sum HREE=(17.53\sim27.07)\times10^{-6}$,稀土总量明显偏低,轻稀土含量明显高于重稀土;$\delta Eu=1.17\sim1.91$,Eu 异常明显;$(La/Yb)_N=3.88\sim5.88$,$(Ce/Yb)_N=3.17\sim4.79$,反映了 LREE 和 HREE 分馏程度均不好;$(La/Sm)_N=1.21\sim2.40$,轻稀土元素富集,重稀土元素亏损。在稀土配分曲线图(图 3-16)上,药山单元表现为向右微倾,轻稀土、重稀土略具分馏特征,具有非常明显的正 Eu 异常,为轻稀土弱富集型。

2. 微量元素特征

在微量元素蛛网图(图 3-17)上,大离子亲石元素 Ba、Sr、U 明显富集,Th、Nb、Hf、Zr 等明显亏损;轻稀土元素富集,重稀土元素亏损,Eu 元素为非常明显的正异常。Ba、Sr、U 的富集及 Th、Nb、Hf、Zr 的明显负异常表明岩浆活动过程中可能有早期壳源物质的参与,且与副矿物金红石的产生有关。

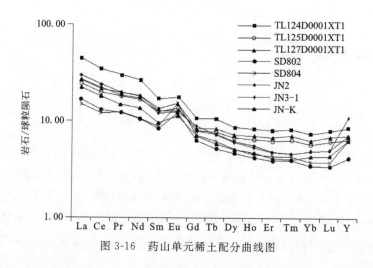

图 3-16 药山单元稀土配分曲线图

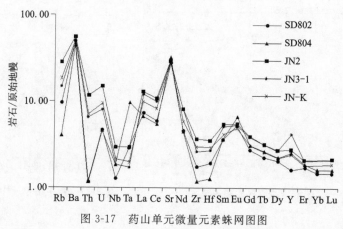

图 3-17 药山单元微量元素蛛网图图

(五)副矿物特征

药山单元副矿物组合为磷灰石型,副矿物主要有磷灰石及微量的金红石、黄铁矿、磁铁矿等。

锆石:淡紫色、淡黄褐色,透明,金刚光泽,高硬度,熔蚀作用较强,晶形完整者不多。晶形完整者表面较光滑,为复四方柱与复四方双锥之聚形,伸长系数在 1.6~2.3mm 之间。

磷灰石:无色,多为不规则碎块状,有的为短柱状,透明,玻璃光泽,中硬度,粒径一般为 0.2~0.53mm。

金红石:红色,次浑圆柱状,半透明,油脂光泽,高硬度,粒径 0.05~0.12mm。

黄铁矿:铜黄色,棱角块状,不透明,金属光泽,高硬度,粒径 0.05~0.18mm。

磁铁矿:黑色,多为不规则碎块状,少数颗粒晶形为较完整的八面体,不透明,金属光泽,高硬度,粒径一般为 0.07~0.33mm,最大者可达 0.67mm,最小者不足 0.03mm。这些磁铁矿颗粒有的与斜长石、辉石连生在一起。

三、金牛山单元

(一)地质特征

该单元主要分布于鹊山、华山、山东省气象局、济南市立四院(原无影山北坡、金牛山南坡)一带,规模较小,现基本已为城区建筑及公园所覆盖,露头均不好,仅在鹊山东坡及华山南坡可见零星露头,鹊山侵入体平面上呈不规则椭圆状 SN 向展布。在山东省气象局西金牛山单元脉动侵入无影山单元(图 3-18),并见有药山单元包体,包体呈椭圆状,大者可达 20cm×40cm,两者界线清晰,在靠近包体部位金牛山单元的暗色矿物含量减少,长英质物质增多,呈浅色细粒边(图 3-19)。

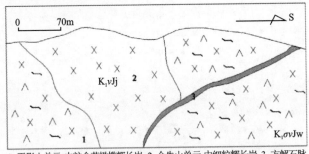

1. 无影山单元:中粒含苏橄榄辉长岩;2. 金牛山单元:中细粒辉长岩;3. 方解石脉

图 3-18 金牛山单元脉动侵入无影山单元

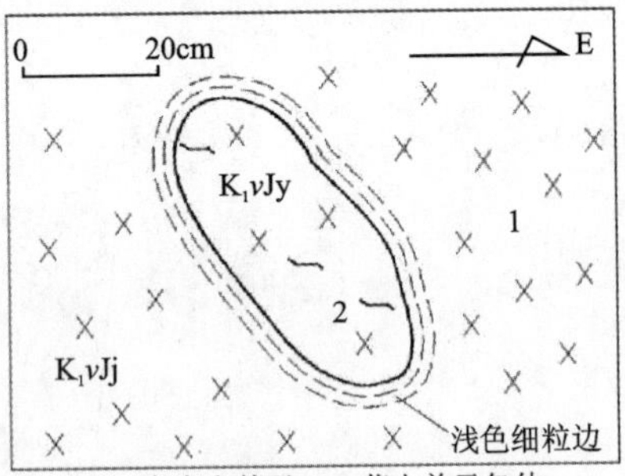

1. 金牛山单元;2. 药山单元包体

图 3-19 金牛山单元中药山包体(鹊山)

(二)岩石学特征

金牛山单元主体岩性为中细粒辉长岩,岩石风化面为暗褐红色,新鲜面为灰黑色,中细粒辉长辉绿结构,块状构造,岩性较均一。主要矿物含量为斜长石 55%～60%,普通辉石 30%～35%,紫苏辉石 3%～5%,黑云母含量集中在 3%～5% 之间,磁铁矿 2%～3%,次生矿物见有绢云母及绿泥石。副矿物主要为磷灰石以及微量磁铁矿、钛铁矿等。

斜长石:半自形板柱状,$d=0.5\sim2$mm,聚片双晶发育,多数晶体是复合双晶,用双晶带最大消光角法实测 An60♯拉长石。偶尔可见斜长石发育轻微的绢云母化,斜长石多数粒径在 1mm 左右,大体呈定向排列。

单斜辉石:主要为普通辉石,具淡绿色多色性,半自形柱状,$d=0.5\sim3$mm,大晶体内有斜长石包体,有的有轻微的绿泥石化,见有席列构造。

斜方辉石:主要为紫苏辉石,半自形柱状,$d=0.5\sim1$mm,晶体纯净,具多色性,Ng 为极淡的黄绿色,Np 为淡玫瑰色。

黑云母:为他形片状,$d=0.2\sim2$mm,具褐红色多色性,为富钛黑云母。

磁铁矿:为粒状,$d=0.1\sim0.2$mm,常与黑云母伴生。

该岩石多数颗粒在 1mm 左右,只有辉石粒度较粗,属中细粒结构。

(三)岩石化学特征

岩石化学成分:SiO_2 含量 52.07%～52.88%,Al_2O_3 含量 13.62%～15.80%,全碱(K_2O+Na_2O)含量 2.66%～5.94%,MgO 含量 6.31%～10.37%,TFe($FeO+Fe_2O_3$)含量 7.40%～10.68%,与中国主要岩浆岩平均化学成分(黎彤等,1963)辉长岩相比较,全碱含量、TFe 含量明显偏低,仅个别样品偏高,CaO、MgO 含量明显偏高;里特曼指数 σ 为 0.72～3.29,碱度率 AR 为 1.24～1.70,过铝指数 A/CNK 为 0.58～0.80,属于偏铝质钙碱性岩石;分异指数 DI 为 22.23～47.26,固结指数 SI 为 32.11～48.39,反映岩石分离结晶程度较低,分异较差;长英质指数 FL 为 19.97～45.00,指示基性岩特征;氧化率 OX 为 0.63～0.72,较高,表明岩浆侵位较浅。

在 TAS 图解上投点,7 个样品中 6 个落入辉长—闪长岩区,1 个落入二长闪长岩区(图 3-20)。

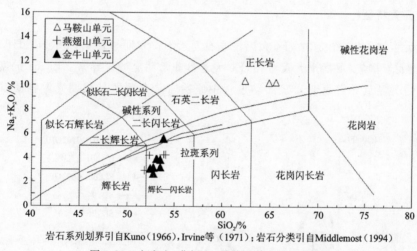

岩石系列划界引自 Kuno(1966),Irvine 等(1971);岩石分类引自 Middlemost(1994)

图 3-20 金牛山、燕翅山、马鞍山单元 TAS 图解

(四)地球化学特征

1. 稀土元素特征

稀土总量 $\sum REE=(36.20\sim126.05)\times10^{-6}$,$\sum LREE=(23.18\sim95.42)\times10^{-6}$,$\sum HREE=(13.02\sim30.63)\times10^{-6}$,稀土总量明显偏低,轻稀土含量明显高于重稀土;$\delta Eu=0.98\sim1.51$,Eu 异常明显;$(La/Yb)_N=3.80\sim8.87$,$(Ce/Yb)_N=3.19\sim5.62$,反映了 LREE 和 HREE 分馏程度均一般;$(La/Sm)_N=1.70\sim2.87$,轻稀土元素富集,重稀土元素亏损。在稀土配分曲线图(图 3-21)上,金牛山单元表现为右缓倾,轻稀土、重稀土略具分馏特征,具有非常明显的正 Eu 异常,为轻稀土富集型。

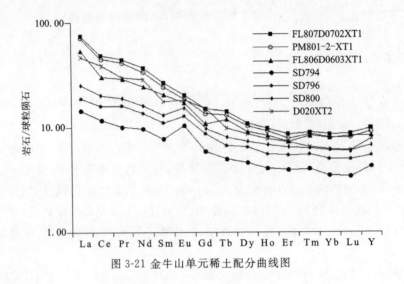

图 3-21 金牛山单元稀土配分曲线图

2. 微量元素特征

在微量元素蛛网图(图 3-22)上,大离子亲石元素 Ba、Sr 明显富集,Th、Nb、Hf、Zr 等明显亏损;轻稀土元素富集,重稀土元素亏损,Eu 元素具非常明显的正异常。Ba、Sr 的富集及 Th、Nb、Hf、Zr 的明显负异常表明岩浆活动过程中原始岩浆在源区与早期壳源物质发生了混合熔融。

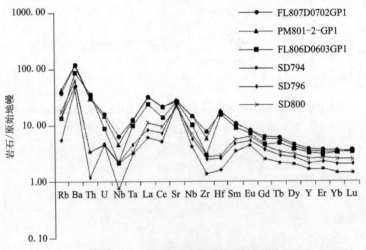

图 3-22 金牛山单元微量元素蛛网图

(五)副矿物特征

金牛山单元副矿物组合为磷灰石型,副矿物主要有磷灰石、磁铁矿及微量钛铁矿等。

锆石:红褐色、淡黄色,透明,金刚光泽,高硬度,为复四方柱与复四方双锥,为锥面{111},偏锥面{311}、{131}和柱面{110}、{100}组成的聚形,锥面发育,偏锥面不发育。

磷灰石：无色，多为不规则碎块状，有的为短柱状，透明，玻璃光泽，中硬度。

磁铁矿：黑色，多为不规则碎块状，少数颗粒晶形为较完整的八面体，不透明，金属光泽，高硬度。

四、燕翅山单元

（一）地质特征

该单元主要分布于药山单元外围靠近围岩外，露头零星，东北部坝子一带侵入石炭纪—二叠纪地层，其余侵入奥陶纪地层，与围岩为侵入接触关系。仅在茂陵山、燕翅山以及药山西北坡有零星露头；另外在茂陵山、燕翅山、老虎山也见有斑状闪长岩出露，多个济南铁矿矿区报告也提及侵入体边缘部位见辉石闪长岩，所以可以认为在辉长岩外的边缘部位（靠近盖层接触部位）应该已演化为闪长岩。部分矿区资料表明在燕翅山的矽卡岩带内还可见到细粒钠化辉长岩的包体（图3-23）。

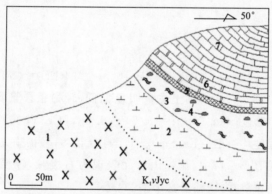

1. 燕翅山单元；2. 似斑状闪长岩；3. 矽卡岩；4. 钠化辉长岩（包体）；5. 磁铁矿；6. 大理岩；7. 灰岩

图3-23 燕翅山矿区4号线示意图

（二）岩石学特征

燕翅山单元主体岩性为细粒辉长岩，在以往资料划归燕翅山单元的地区其外围多有闪长岩。新鲜面灰—灰绿色，细粒辉长辉绿结构，块状构造，岩体内部岩性较均一，靠近围岩处粒度变粗，暗色矿物含量减少，长英质矿物富集，向闪长岩类转化。主要矿物含量为斜长石55%～60%，普通辉石30%～35%，角闪石3%～5%，黑云母含量集中在3%～5%之间，磁铁矿2%～3%，次生矿物见有绢云母及绿泥石。副矿物主要为磷灰石以及微量磁铁矿、钛铁矿等。

斜长石：半自形板柱状，聚片双晶发育，多数晶体是复合双晶，环带构造发育。

单斜辉石：主要为普通辉石，呈残晶，不规则状，常被普通角闪石所交代。

普通角闪石：他形不规则状，半自形柱状，大部分是沿着普通辉石边缘和解理交代变化而来，保留辉石的假象。小部分单独产出，具双晶，结合面为{100}，其中常见斜长石的嵌晶。

（三）岩石化学特征

岩石化学成分：SiO_2含量51.45%～53.76%，Al_2O_3含量13.21%～15.10%，全碱（K_2O+Na_2O）含量2.90%～4.21%，多集中在4.2%左右，MgO含量8.20%～10.76%，TFe（FeO+Fe_2O_3）含量8.64%～10.10%，与中国主要岩浆岩平均化学成分（黎彤等，1963）辉长岩相比，TFe含量明显偏低，CaO、MgO含量明显偏高，全碱含量基本相当；里特曼指数σ为1.0～1.91，碱度率AR为1.27～1.45，过铝指数A/CNK为0.52～0.75，属于偏铝质钙碱性岩石；分异指数DI为22.57～35.48，固结指数SI为37.34～48.25，反映岩石分离结晶程度较低，分异较差；长英质指数FL为20.17～35.51，指示基性岩特征；氧化率OX为0.68～0.72，较高，表明岩浆侵位较浅。

在TAS图解上投点，4个样品中3个落入辉长—闪长岩区，1个落入辉长岩区（图3-20）。

（四）地球化学特征

1. 稀土元素特征

稀土总量$\Sigma REE = (72.46 \sim 111.27) \times 10^{-6}$，$\Sigma LREE = (52.02 \sim 79.62) \times 10^{-6}$，$\Sigma HREE = (20.44 \sim 31.65) \times 10^{-6}$，稀土总量明显偏低，轻稀土含量明显高于重稀土；$\delta Eu$=1.07～1.19，Eu异常不明显；$(La/Yb)_N = 5.51 \sim 6.68$，$(Ce/Yb)_N = 4.47 \sim 5.38$，反映了LREE和HREE分馏程度均一般；$(La/Sm)_N = 1.94 \sim 2.79$，轻稀土元素富集，重稀土元素亏损。在稀土配分曲线图（图3-24）中，燕翅山单元表现为右缓倾，轻稀土、重稀土略具分馏特征，具有不明显的正Eu异常，为轻稀土富集型。

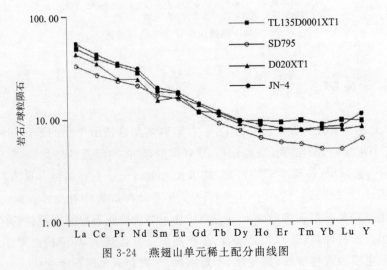

图3-24　燕翅山单元稀土配分曲线图

2. 微量元素特征

在微量元素蛛网图(图 3-25)上,大离子亲石元素 Ba、Sr、Th 明显富集,Nb、Ta 等明显亏损,Zr、Hf 具平稳负异常;轻稀土元素富集,重稀土元素亏损,Eu 元素为略显正异常。Ba、Sr、Th 的富集及 Nb、Ta、Hf、Zr 的明显负异常表明岩浆活动过程中原始岩浆在源区与早期壳源物质发生了混合熔融,且可能与副矿物金红石消失、榍石产出有关。

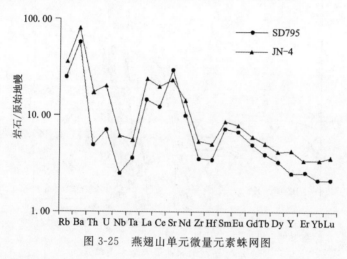

图 3-25 燕翅山单元微量元素蛛网图

(五)副矿物特征

燕翅山单元副矿物组合为磷灰石+榍石型,相当于石原舜三的磁铁矿系列,副矿物主要有磷灰石、磁铁矿及少量榍石、金红石等。

锆石:无色透明为主,次为浅粉红—粉红色,透明—半透明,金刚光泽,高硬度,为复四方柱与复四方双锥,主要晶形为由正方双锥{111},复正方双锥{311}、{131}组成的聚形,复正方双锥面不及正方双锥面发育。

磷灰石:多数为无色,个别为浅黄褐色,六方柱与六方双锥之聚形,但完整晶体少见,多数为断柱状,透明,玻璃光泽,中硬度,粒径 0.029～0.098mm。

磁铁矿:黑色,大部分为不规则碎块状,粒径 0.048～0.096mm,颗粒细小者具八面体晶形,不透明,金属光泽,高硬度。

榍石:黄色,不规则粒状,扁平状,晶形难以分辨,具裂纹。

金红石:红色,次浑圆柱状,半透明,油脂光泽,高硬度。

五、马鞍山单元

(一)地质特征

该单元主要分布于马鞍山、粟山及黄河北鹊山一带。马鞍山侵入体最大,呈小岩瘤状产出,平面形态近圆形,其与粟山应是同一个侵入体。该单元在马鞍山、粟山侵入药山单元,在鹊山西北坡脉动侵入金牛山单元(图3-26),山鞍部两者为断层接触。在鹊山断层接触带附近多发育蚀变帘石脉,应为后期残余岩浆热液蚀变后的产物,该帘石脉中可见马鞍山单元辉石二长岩及金牛山单元中细粒辉长岩的包体,这些包体多为不规则棱角状,大小不一,包体边部的暗色矿物多已被交代析出形成长英质化细粒边(图3-27)。

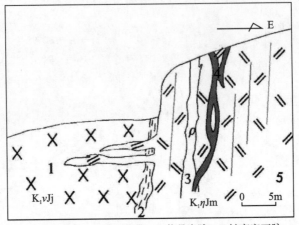

1. 金牛山单元;2. 劈理化带;3. 伟晶岩脉;4. 蚀变帘石脉;
5. 马鞍山单元

图3-26 马鞍山脉动侵入金牛山单元

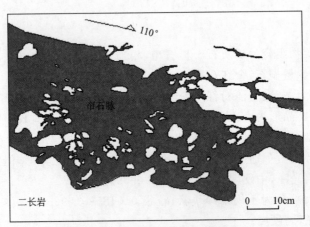

图3-27 帘石脉中的二长岩包体特征

(二)岩石学特征

马鞍山单元主体岩性为中细粒的辉石二长岩,新鲜面为灰—灰白色,中细粒结构,块状构造,岩体岩性较均一。主要矿物含量为斜长石35%,钾长石45%,普通辉石16%,石英4%,次生矿物见有绢云母、绿泥石、绿帘石、方解石及高岭石等。副矿物主要为磷灰石、楣石及微量磁铁矿等。

斜长石：斑晶和碎基两种产出形态，斑晶为板柱状自形晶，$d=1\sim3mm$，聚片双晶发育，多数晶体是复合双晶，用双晶带最大消光角法实测 An37♯中长石，基质斜长石极少，粒径约为 0.5mm。斜长石普遍被绢云母、绿帘石交代，并具有环带状蚀变，中心多发育绿帘石化，边缘多发育绢云母化。

钾长石：他形粒状，主要产于基质中，$d=0.1\sim0.5mm$，普遍有高岭石化，在薄片中未见斑晶出现。

单斜辉石：主要为普通辉石，具绿色多色性，斑晶为柱状，呈聚斑晶，$d=1\sim4mm$，基质中的辉石为他形粒状，$d=0.1\sim0.3mm$，辉石有轻微的绿泥石化和碳酸盐化。

石英：为他形粒状，$d=0.1\sim0.3mm$，纯净无蚀变。

该岩石斑晶为斜长石和普通辉石，基质为钾长石、石英和辉石，应是浅成—超浅成相或岩体边缘相的岩石。

(三) 岩石化学特征

岩石化学成分：SiO_2 含量 62.17%～65.54%，Al_2O_3 含量 16.22%～17.31%，全碱（K_2O+Na_2O）含量 10.17%～10.27%，MgO 含量 0.65%～0.93%，TFe（$FeO+Fe_2O_3$）含量 2.66%～3.37%，与中国主要岩浆岩平均化学成分（黎彤等，1963）正长岩相比，TFe 含量偏低，CaO 含量明显偏高，全碱含量、MgO 含量基本相当；里特曼指数 σ 为 4.81～5.50，碱度率 AR 为 2.83～3.32，过铝指数 A/CNK 为 0.66～0.84，属于铝质碱钙性岩石；分异指数 DI 为 85.49～86.29，固结指数 SI 为 4.82～6.43，反映岩石分离结晶程度较高，分异较好；长英质指数 FL 为 68.01～78.84，指示酸性岩特征；氧化率 OX 为 0.5，中等，因其为酸性岩，Fe 含量较低，氧化率特征指数参考意义不大，根据其产出状态及区域特征，可以判断其应为浅成—超浅成相。

在 TAS 图解上投点，3 个样品均落入正长岩区（见图 3-20）。

(四) 地球化学特征

1. 稀土元素特征

稀土总量 $\sum REE=(105.65\sim212.43)\times10^{-6}$，$\sum LREE=(79.26\sim156.98)\times10^{-6}$，$\sum HREE=(26.39\sim55.45)\times10^{-6}$，稀土总量较高，轻稀土含量明显高于重稀土；$\delta Eu=0.68\sim1.01$，具弱 Eu 异常；$(La/Yb)_N=5.76\sim10.49$，$(Ce/Yb)_N=4.95\sim7.67$，反映了 LREE 和 HREE 分馏程度较好；$(La/Sm)_N=1.96\sim4.34$，轻稀土元素富集，重稀土元素亏损。在稀土配分曲线图（图 3-28）上，马鞍山单元表现为右陡倾，轻稀土、重稀土分馏明显，具有弱的负 Eu 异常，为轻稀土富集型。

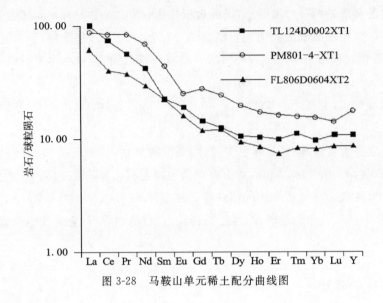

图 3-28 马鞍山单元稀土配分曲线图

2. 微量元素特征

在微量元素蛛网图(图 3-29)上,大离子亲石元素 Ba、Th 明显富集,Nb、Ta 等明显亏损;轻稀土元素富集,重稀土元素亏损,Eu 元素为略显负异常。Ba、Th 的富集及 Nb、Ta 的明显负异常表明岩浆来源较浅,侵位较浅,可能是后期残余岩浆结晶分异造成的,并且可能与副矿物榍石的产出有关。

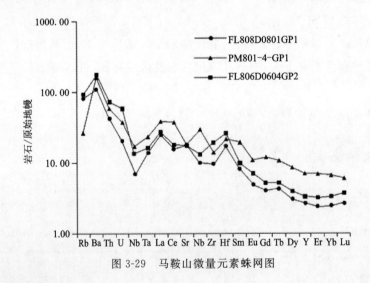

图 3-29 马鞍山微量元素蛛网图

(五)副矿物特征

马鞍山单元副矿物组合为磷灰石+榍石型,副矿物主要有磷灰石、榍石、磁铁矿、黄铁矿及少量赤褐铁矿等。

锆石：黄粉色、碎块状、断柱状，个别呈半自形双锥柱状，透明，金刚光泽，高硬度，晶内可见黑色固相包体，晶体缺损严重，表面受熔蚀，部分棱角显钝，伸长系数在 1.1～3.0 之间，粒径 0.02～0.15mm，个别可达 0.20mm。

磷灰石：无色至白色，次浑圆—浑圆粒状、柱粒状、半自形柱状，透明—半透明，玻璃光泽，中硬度，粒径 0.02～0.12mm。

黄铁矿：铜黄色，棱角块状，不透明，金属光泽，高硬度，粒径 0.03～0.10mm。

磁铁矿：黑色，自形—半自形八面体、次浑圆粒状、次棱角块状，不透明，金属光泽，高硬度，粒径 0.01～0.22mm。

赤褐铁矿：黑褐色、红黑褐色，次棱角块状、次浑圆粒状，不透明，金属光泽，高硬度，粒径 0.02～0.30mm。

榍石：褐黄色、黄色，次浑圆扁粒状、次棱角块状、信封状，透明—半透明，油脂光泽，高硬度，粒径 0.02～0.60mm。

第三节　济南岩体形态特征

中生代济南序列侵入体为一自北向南侵入略向北倾的巨型岩镰，中心在新徐庄—桃园一带，空间形态为东薄西厚的楔状体。其北以田家庄—南车—桑梓店为界，西以十里—七里铺东—小金庄为界，南以大杨庄—白马山为界至五龙潭后为千佛山断裂所截切，东以泉城路—燕翅山为界至姜家庄后为东坞断裂所截切，后经济钢—王舍人至坝子后楔子状尖灭。济南岩体在济钢一带形态较复杂，平面形态总体呈不规则椭圆状，构成穹隆构造，大部分为第四系所覆盖，仅在济南市区周边的孤零山包，如匡山、华山、鹊山、南北卧牛山、北马鞍山、粟山等地可见露头。主期侵入体呈环带状分布，各单元之间为涌动或脉动侵入关系，少数以岩瘤状独立侵入体产出，多个单元互相混杂形成复杂岩体。侵入体与围岩界线清楚，岩体边部发育平行于接触面的流动构造。东北部沙河一带其侵入石炭纪—二叠纪地层，但较微弱，仅发育小的岩枝或岩脉；其余方向则侵入奥陶纪地层，在这些接触带上具较强烈的矽卡岩化、大理岩化，四周围岩均向外倾斜，倾角较陡，局部直立甚至倒转，另外侵入体周边断裂也较发育。该序列岩石类型复杂，以发育基性岩—辉长岩为主要特征。

一、岩体重磁反演形态

利用航磁异常与重力反演确定岩体特征，是较为常用且有效的方法。研究区布格重力背景值 $\Delta g_背 = -12 \times 10^{-5} m/s^2$，研究区中部异常相对升高幅值 $14 \times 10^{-5} m/s^2$。在布格重力异常图上，岩体形态呈近 EW 向不规则椭圆形，异常值中部似有一台阶，西高东低，分别为 $2 \times 10^{-5} m/s^2$ 和 $-8 \times 10^{-5} m/s^2$，异常范围 25km×15km，极值部位靠近椭圆异常的西部，研究区内 EW 向规则椭圆形解译为济南岩体浅部的反映，异常中部台阶状高异常解译为岩体深部形态反映。在航磁异常图上,研究区总体为低负背景,背景值 $\Delta T_背 = -100\text{nT}$,研究区中部存在近 EW 向椭圆形正异常,异常值 $\Delta T_异 = 200\text{nT}$,范围 $30\text{km} \times 18\text{km}$,该椭圆形异常解译为济南岩体的浅部形态反映。综合重力、航磁异常解译,椭圆异常为济南岩体浅部综合反映,面积较大($30\text{km} \times 18\text{km}$),而深部逐渐往西部收缩,为西北边部岩体岩浆上升的通道,根部位置可能位于吴家堡—桃园一带,面积约 $15\text{km} \times 10\text{km}$。另外,航磁异常内部分布负磁异常,解译为灰岩捕虏体,调查确认与解译结果基本一致。

为了解异常的空间分布情况,通过异常中心各作两条重磁十字剖面,如图 3-30 所示。

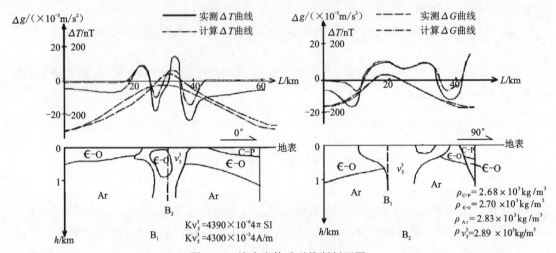

图 3-30 济南岩体重磁推断剖面图

航磁剖面反演结果:EW 向剖面(B_2),异常解译为济南岩体,长 28km,上顶埋深 0.15km,延深 $0.5 \sim 0.7\text{km}$,两端厚中间薄。底界面似宽缓的 W 字形;SN 向剖面(B_1),岩体宽 18km,上顶埋深 $0.02 \sim 0.22\text{km}$,延深 $0.3 \sim 0.5\text{km}$。两端厚中间薄。底界面形态与 EW 向剖面相似,但厚度比 EW 向剖面薄 $100 \sim 200\text{m}$。航磁反映的中部薄周边厚度不等异常体为济南岩体形态的"饼"状岩被。由于灰岩捕虏体的影响,使计算结果在岩体中部偏浅。由于太古宙—元古宙结晶基底磁性层屏蔽作用,使计算只求得了岩体上部的基本形态。

重力剖面反演结果:该反演结果与航磁解译相比较,范围小,在 EW 向剖面(B_2)上,异常体在深度 $0.5 \sim 0.7\text{km}$ 处,长 22km,在深度 $0.7 \sim 1\text{km}$ 处,异常体大幅度地往西部收缩,认为是济南岩体浅部形态反映;在深度 $1 \sim 1.5\text{km}$ 处,异常体长度缩至 $7 \sim 15\text{km}$。再往深部异常体仍在变窄,但收缩速率已明显变小,解译为济南岩体根部反映。在 SN 向剖面(B_1)上深度 $0.5 \sim 0.7\text{km}$ 处,异常体宽度约 15km,在深度 $0.7 \sim 1\text{km}$ 处,异常体宽度收缩至 $10 \sim 12\text{km}$,其收缩幅度南大北小,南约 4km,北约 1.5km。该深度部位与 EW 向剖面相比收缩程度小得多;1km 深度以下,岩体长度窄于 9km,仍在收缩,但比 EW 向剖面上稍宽。重力场可以解译济南岩体较深部的形体特征。由以上重磁剖面反演结果综合成图 3-30(B_1、B_2)。

岩体空间形态综述:由以上重磁反演结果分析,异常体(济南岩体)上部深 $0.2 \sim 0.7\text{km}$,似"岩被"状,面积 $28\text{km} \times 17\text{km}$,中部深 $0.7 \sim 1.5\text{km}$,似"岩颈";下部位于 1.5km 深度以下,似"岩根",面积小于 $7\text{km} \times 9\text{km}$。整体似一巨型的"岩镰"深深地扎在济南市区西北部。

二、岩体形态特征

1. 岩体主体形态

济南岩体绝大部分被第四系覆盖,在平面上岩体大致呈近 EW 向椭圆状,岩体西头周边光滑呈月形弯曲,东头分成两叉,形似鱼尾,与中奥陶统及部分石炭系、二叠系呈锯齿状穿插侵入接触。岩体东西长约 29km,南北最宽约 16.5km,面积约 470km^2(图 3-31)。

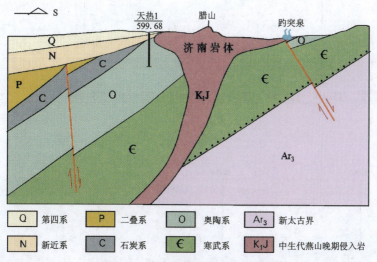

图 3-31 济南岩体空间形态示意图

通过岩体的重力、航磁异常解译结合钻孔揭露资料,济南岩体浅部面积较大,深部逐渐往西部收缩,东侧端部可能有局部加厚,西北边部为岩体岩浆上升的通道,根部位置大致位于大魏家庄—桃园一带。根据其厚度及产状特点,结合重磁联合反演研究和钻探成果,该岩体可分为岩被区、岩颈区以及岩根区 3 个区块,如图 3-32 所示。

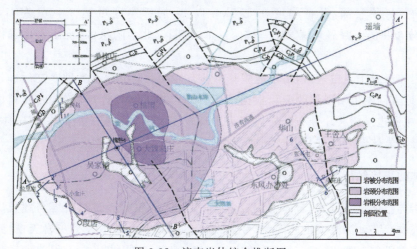

图 3-32 济南岩体综合推断图

岩被超覆于古生代沉积地层之上，顶界面埋深50～300m不等，发育深度（厚度）主要集中在100～700m之间，为济南岩体在水平方向延伸最广、分布面积最大的范围，约为247.1km²，该范围内的岩体有基性的辉长岩也有中性的闪长岩，厚度变化范围较大，并有数量繁多的沉积岩捕虏体残留其中。

岩颈位于岩被内，该范围内岩体发育厚度逐渐增大，发育在700～1500m深度范围内，面积缩小至203.3km²，岩体形似岩颈状，故被称之为岩颈（图3-33、图3-34）。

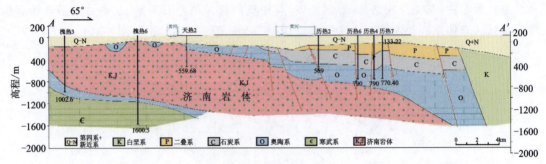

图3-33　济南岩体AA′剖面图

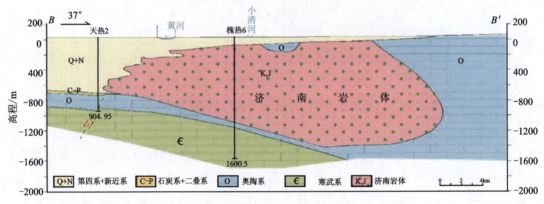

图3-34　济南岩体BB′剖面图

岩根位于岩颈内部，发育厚度在1.5km以上，局部厚度可达2500m左右，面积小于19.6km²，分布在济南西部大魏家庄—桃园一带，桃园以北为隐伏区，济南岩体隐伏于沉积地层之下。

济南岩体形成于早白垩世，山东地貌基本形态形成于燕山运动后期。之后经过一亿多年剥蚀，很多地方已发生了强烈改变。根据济南岩体岩相出露和分布情况，内部相仅刚刚剥蚀出露，过渡相和边缘相大片分布。岩体东头出现较多大理岩夹层、悬浮体、捕虏体等，西头基本没有。推测岩体至今已有2/5被剥蚀，剥蚀了1500m左右（图3-35a、b）。

2. 岩体边界接触形态

济南岩体整体呈"镰"状，岩体南侧较薄，济南岩体南侧的奥陶纪灰岩与辉长岩体的接触界线大致在文化路和泺源大街之间，界线的北部还存在大大小小数个灰岩天窗，趵突泉和黑虎泉就出露在天窗部位，泉城广场、天地广场东西、普利门等地带，在工程建设过程中均发现

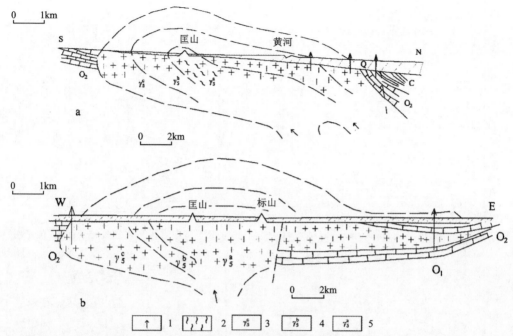

1.岩浆侵入方向；2.流动构造；3.辉长岩（边缘相）；4.苏辉长岩（边缘相）；5.橄榄苏长辉长岩（内部相）

图 3-35　济南岩体纵横剖面示意图

灰岩天窗（图 3-36）。四大泉群中的趵突泉和黑虎泉群出露于灰岩天窗，珍珠泉和五龙潭的泉水不是直接从灰岩中出露，而是通过较厚层的火成岩出露。

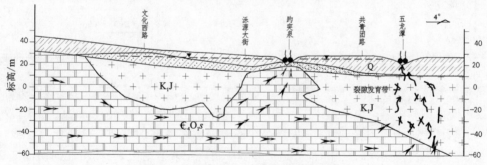

图 3-36　趵突泉、五龙潭泉水成因模式图

泉群形成原因：在济南岩体南侧，地层受到千佛山断裂和文化桥断裂的切割，形成向北突出的灰岩断块，岩溶水受到西、北、东三面辉长岩体的阻挡，水位抬高，在较高的水头压力下于低洼地段，沿灰岩裂隙岩溶通道上升涌出地面形成济南趵突泉泉群，沿岩体裂隙上涌形成了五龙潭泉群。

济南岩体北侧和西侧有多个二三百米深的钻孔打穿奥陶纪灰岩之后见到辉长岩体，岩体与灰岩接触面呈向北较缓倾斜（图 3-37、图 3-38），刘长山以西至小金庄一带，岩体与奥陶纪灰岩接触面很陡，厚度较大（图 3-39、图 3-40）。

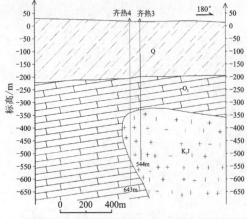
图 3-37　济南岩体与灰岩接触剖面图（油坊赵）

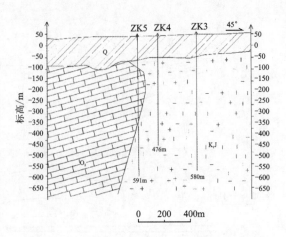
图 3-38　济南岩体与灰岩接触剖面图（位里庄）

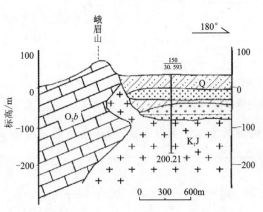
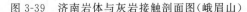
图 3-39　济南岩体与灰岩接触剖面图（峨眉山）

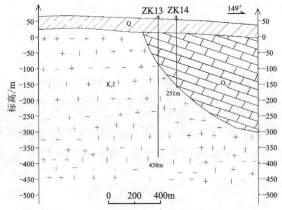
图 3-40　济南岩体与灰岩接触剖面图（朱家庄）

宏观上岩体北西方向厚，南东方向薄。岩体的南缘东西方向厚度变化较大，说明岩体北侧厚度大于南侧和东侧。根据岩体中部槐热 6 孔揭露岩体底板 1210m，证实了"岩颈"厚度超过 700m，岩体之下为大理岩、奥陶纪灰岩。在济南岩体东南部洪家园—机床四厂一线，辉长岩呈缓倾斜侵入奥陶纪灰岩之中，部分地区超覆于奥陶纪灰岩之上，岩体由北向南逐渐变薄。在机床四厂、张马屯铁矿、造纸西厂，一般五六百米即能打穿岩体揭露奥陶纪白云质灰岩，常见奥陶纪灰岩呈夹层或捕虏体赋存于岩体之中，也见呈悬浮体发育于岩体之上（图 3-41）。

刘长山以东至王舍人庄一带岩浆岩多呈舌状顺层侵入奥陶纪灰岩中，厚度较薄，尤其在断裂带如港沟断裂、东坞断裂带处，侵入岩体呈多层状产出（见图 2-23）。由此推断济南岩体具强力就位特征。上地幔岩浆沿构造薄弱带以热气球膨胀式上侵，进入盖层后，岩浆顺着地层间的薄弱部位，由北向南侵入，经多次涌动形成济南岩体的主体。

综上所述，济南岩体整体呈"镰"状，主要侵位于奥陶纪灰岩，岩根位于中北部，向外围逐渐减薄，边缘厚度西部大于东部、北部大于南部，在东部岩体穿插于碳酸盐岩之中，局部形成碳酸盐岩捕虏体。

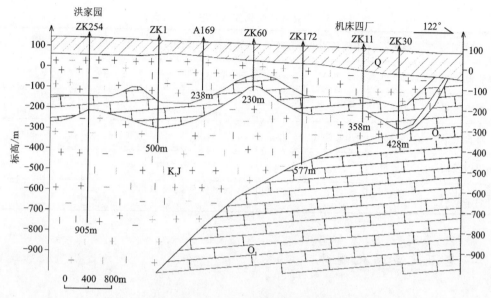

图 3-41　济南岩体与灰岩接触剖面图（洪家园—机床四厂）

第四节　济南岩体岩浆演化规律

研究区内燕山晚期侵入岩，按其形成的先后顺序构成了由基性—中酸性的岩浆演化序列，可能是同源岩浆多次脉动、涌动式侵入的产物。早期以含苏橄榄辉长岩、苏长辉长岩、辉长岩为主，暗色矿物含量高，少见截然接触界线，多以相变过渡为主，岩体的边缘部位多已演变为辉石闪长岩；晚期为角闪闪长岩及辉石二长岩呈脉动形式侵入早期岩体中，并且暗色矿物逐渐减少，长英质矿物逐渐增加，该期岩体中多见早期岩体的包体。岩浆多期次活动形成的岩石，在岩石学、岩石化学、地球化学等方面都有一定的差异。

一、造岩矿物的变化规律

区内中生代侵入岩的主要矿物组成为斜长石、单斜辉石、斜方辉石、橄榄石、角闪石、黑云母、钾长石等。

由表 3-3 可以看出，由早期到晚期，矿物成分表现为铁镁矿物递减、长英质矿物递增的演化规律。演化的主要趋势是，从含苏橄榄辉长岩—辉长岩—闪长岩—辉石二长岩，表现为明显的基性岩向中酸性岩演化的特点。

表 3-3 研究区中生代侵入岩主要矿物含量　　　　　　　　　　　　单位：%

岩性	斜长石	单斜辉石	斜方辉石	橄榄石	角闪石	黑云母	钾长石	石英
含苏橄榄辉长岩	40～60	15～20	3～10	8～15		2～3		
苏长辉长岩	50～55	20～35	15～20			3～5	1 左右	
辉长岩	55～60	30～35			3～5	3～5		
角闪闪长岩	55～65				30 左右	5		
辉石二长岩	35	16					45	4

二、岩石化学演化规律

研究区中生代侵入岩主要化学成分及特征参数见表 3-4，总体上具有由早到晚，SiO_2 含量、全碱、AR、A/CNK 等值逐渐增加，全铁、MgO 含量逐渐降低趋势。在哈克图解（图 3-42）上，CaO、TFe、MgO 含量随着 SiO_2 含量增加而逐渐降低，Al_2O_3、全碱（Na_2O+K_2O）随着 SiO_2 含量增加而逐渐增加，而 TiO_2 的变化趋势有点散乱，先升后降。这些趋势均指示岩石具有向中酸性、碱性方向演化的特点。

表 3-4 研究区中生代侵入岩主要化学成分及特征参数

单元	SiO_2	Al_2O_3	K_2O+Na_2O	MgO	TFe	σ	AR	A/CNK
无影山	46.8～50.05	10.95～15.82	1.54～2.78	10.30～15.50	9.58～14.34	0.48～1.50	1.15～1.27	0.48～0.69
药山	50.44～51.32	14.63～16.59	2.97～3.66	7.36～11.76	8.90～9.96	1.00～1.61	1.25～1.37	0.63～0.73
金牛山	52.07～52.88	13.62～15.80	2.66～5.94	6.31～10.37	7.40～10.68	0.72～3.29	1.24～1.70	0.58～0.80
燕翅山	51.45～53.76	13.21～15.10	2.90～4.21	8.20～10.76	8.64～10.10	1.00～1.91	1.27～1.45	0.52～0.75
马鞍山	62.17～65.54	16.22～17.31	10.17～10.27	0.65～0.93	2.66～3.37	4.81～5.50	2.83～3.32	0.66～0.84
大有	51.83～55.18	15.17～17.32	3.29～6.48	2.97～8.85	7.27～8.82	0.99～3.83	1.34～1.75	0.81～0.90

注：SiO_2、Al_2O_3、K_2O+Na_2O、MgO、TFe 含量单位为%，其余项无量纲。

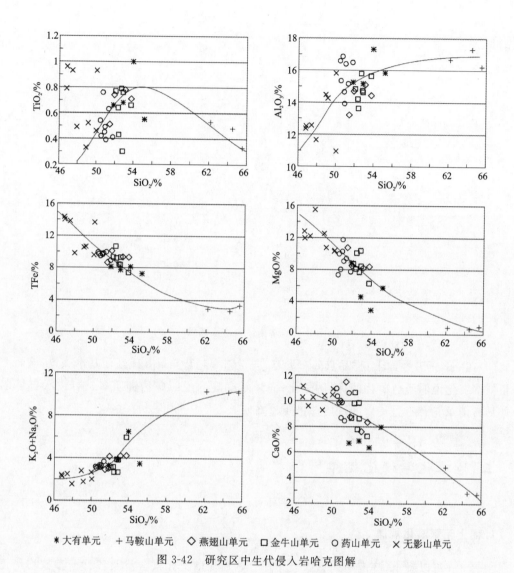

* 大有单元　＋ 马鞍山单元　◇ 燕翅山单元　□ 金牛山单元　○ 药山单元　× 无影山单元

图 3-42 研究区中生代侵入岩哈克图解

从岩石化学分析结果看,研究区济南序列各单元由早期至晚期为一套钙性—钙碱性—碱钙性正常系列岩石组合,结合查氏图解(图 3-43)可以得出下列特征。

(1)在 asb 碱性面及 csb 钙碱性面上:无影山单元最靠下,马鞍山单元最靠上,无影山—金牛山—马鞍山单元投影点由下而上变化,表明暗色矿物逐渐减少,酸度逐渐增加,反映从基性—中酸性的演化趋势。

(2)在 asb 碱性面上:无影山—燕翅山 4 个单元向量斜率基本是一致的,但无影山单元更靠下,说明其更偏基性一些,该 4 个单元向量斜率都较陡,表明暗色矿物镁质多;马鞍山单元向量斜率较缓,表明暗色矿物镁质减少,钙质增加;而辉长岩与二长岩向量斜率相差较大,表明这应是两期岩浆活动造成的结果。

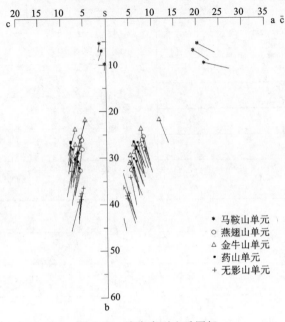

图 3-43　济南序列查氏图解

（3）在 csb 钙碱性面上：样品点分布形态、向量斜率趋势与 asb 碱性面基本一致，该面上的向量斜率变化说明浅色矿物的钾、钠之比；向量斜率陡的说明矿物钾质多、钠质少，自早期至晚期马鞍山单元辉石二长岩的钠质含量明显降低。

三、地球化学演化规律

1. 稀土元素演化规律

由表 3-5 可以看出，济南序列总体上具有由早到晚稀土元素含量及各特征参数均呈正态趋势演化的特点：ΣREE、$\Sigma LREE$、$\Sigma HREE$ 均呈逐渐增高的趋势，表明稀土元素由早到晚变富集；$(La/Yb)_N$、$(Ce/Yb)_N$ 比值逐渐增高，表明配分曲线斜率越来越大，由早至晚分馏程度越来越好；$(La/Sm)_N$ 比值逐渐增高，表明轻稀土由早到晚越来越富集；无影山、药山、金牛山、燕翅山 4 个单元为明显的正 Eu 异常，而马鞍山单元则为弱 Eu 异常；各单元轻稀土含量明显高于重稀土，为轻稀土富集型。

表 3-5　研究区中生代侵入岩稀土元素含量及特征参数

单元	δEu	ΣREE	$\Sigma LREE$	$\Sigma HREE$	$(La/Yb)_N$	$(Ce/Yb)_N$	$(Sm/Eu)_N$	$(La/Sm)_N$
无影山	0.95~1.45	38.85~63.62	25.69~44.75	13.16~19.80	2.90~7.37	2.45~3.58	1.83~2.83	1.21~2.40

续表 3-5

单元	δEu	ΣREE	ΣLREE	ΣHREE	$(La/Yb)_N$	$(Ce/Yb)_N$	$(Sm/Eu)_N$	$(La/Sm)_N$
药山	1.17~1.91	39.08~92.11	25.06~66.21	17.53~27.07	3.88~5.88	3.17~4.79	2.01~2.56	1.21~2.40
金牛山	0.98~1.51	36.20~126.05	23.18~95.42	13.02~30.63	3.80~8.87	3.19~5.62	2.22~3.04	1.70~2.87
燕翅山	1.07~1.19	72.46~111.27	52.02~79.62	20.44~31.65	5.51~6.68	4.47~5.38	1.92~3.41	1.94~2.79
马鞍山	0.68~1.01	105.65~212.43	79.26~156.98	26.39~55.45	5.76~10.49	4.95~7.67	2.12~3.24	1.96~4.34

注：ΣREE、ΣLREE、ΣHREE 单位均为 $\times 10^{-6}$，其余各项参数无量纲。

2. 微量元素演化规律

在 SiO_2-微量元素图解（图 3-44）上，大离子亲石元素 Rb、Ba 含量明显随着 SiO_2 含量增加而增加，Sr 含量无明显规律，略显降低趋势；高场强元素 Nb、Zr 含量也明显随着 SiO_2 含量的增加而增加，Hf、Th、Ta 含量变化趋势不明显，但也可以看出大致呈正态趋势，虽然仅有少数具指示性的微量元素含量与 SiO_2 含量大致呈线性相关，但也能证明济南序列侵入岩具有同源岩浆性质。

四、副矿物演化规律

燕山晚期济南序列各单元副矿物成分简单，主要为磁铁矿、磷灰石，次为金红石、榍石，以及少量的钛铁矿、黄铁矿等，属磷灰石-锆石-磁铁矿型，相当于石原舜三的磁铁矿系列。

由早期至晚期，侵入体中磁铁矿、磷灰石含量变化不明显，锆石、榍石含量逐渐增加，无影山、药山单元几乎不含榍石，而含金红石，金牛山单元仅含磁铁矿和磷灰石，而燕翅山、马鞍山单元榍石含量增加，却不含金红石。

锆石：各个单元绝大多数的锆石多已被熔蚀（变质岩锆石，应是来自熔融拆沉后的早期壳源变质岩的继承锆石或碎屑锆石），缺棱少角，多呈次浑圆柱状、碎块、断柱状，可见到的少数晶形完整者（岩浆锆石）主要为锥面{111}，偏锥面{311}、{131}和柱面{110}、{100}组成的复四方柱、四方双锥之聚形，一般锥面发育，偏锥面不发育。由早至晚，锆石晶形由复杂到简单，柱面{100}由不发育到发育，锥面{110}则相反。

磷灰石：各单元均含磷灰石，其含量基本无多大变化。

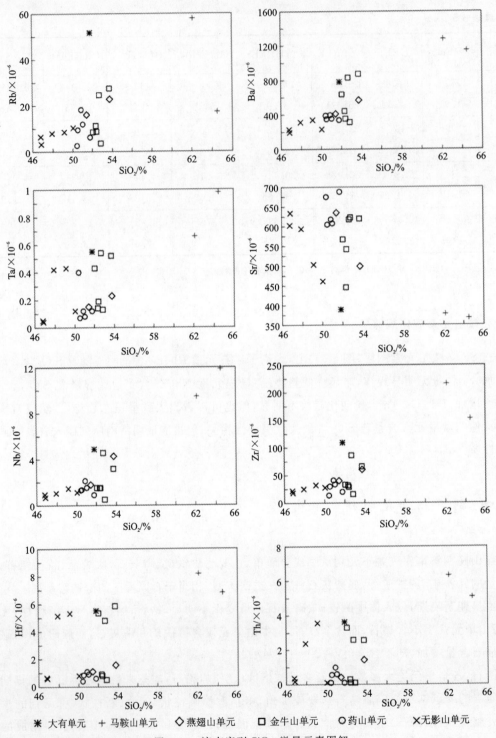

图 3-44 济南序列 SiO_2-微量元素图解

第四章　济南岩体周边矿产资源

第一节　地热资源

地热资源作为清洁环保的新型可再生能源，具有资源储量大、分布广、利用系数高等特点，因而备受青睐。大力发展地热等清洁能源，对于调整能源结构、实现非化石能源目标，推进节能减排的实施均具有重要意义。

山东省地热热储类型多且分布广、资源丰富、开采条件好，是我国名副其实的地热资源大省，济南市地热资源的应用一直走在前列，2014年济南市荣获"全国温泉之都"称号。济南市及附近现开发利用的地热资源主要集中在济南岩体北侧，其形成为南部山区降低水向北径流，受济南岩体的阻挡，延缓了岩溶水的循环，迫使部分地下岩溶水进入深循环形成地热资源。岩浆岩除了携带深部热量以外，侵位和冷凝过程中形成的裂隙沟通了深部热流，成为本区的增温热源，从而在济南岩体周边形成地热田。

济南岩体周边地热发现和勘查较早，在20世纪六七十年代，地质、冶金、煤炭等单位在济南市北部地区的桑梓店、油坊赵、鸭旺口等处，钻探施工中发现地热水，因当时的地质目的不是寻找地热资源，故未引起足够重视，只有油坊赵地热水利用到21世纪初，后因护壁井管损毁而填埋，至今钻井全部封孔或填埋。

二十世纪八十年代末开始，济南市地热资源勘查开发工作全面开展，至今已在济南岩体及周边施工地热井近30眼，钻孔效果不一。如匡山地热井钻探深度1561m，成井深度907.3m，取水岩性为碳酸盐岩岩溶裂隙水，允许开采量不足 $3m^3/h$，出水口温度20.5℃，锶、偏硅酸、溶解性总固体满足饮用天然矿泉水标准，作为矿泉水井（KS）进行开采；济南岩体西侧和北侧在碳酸盐岩含水层中施工的 HR5 和 QR5 井，井深分别为1207m 和 809m，水温分别为31℃和43℃，涌水量分别为 $122m^3/h$ 和 $120m^3/h$。

一、研究区地热特征

（一）遥感地质特征

地热异常区为一温度特殊的地质体，其热辐射温度较高，通常利用 TM6 波段和航空热红外扫描图像等综合分析,能够反映出地热异常地段与背景区域的差异。通过遥感解译,发现济南岩体北侧有一NEE向展布的地热异常带,称其为济南北遥感地热异常区。

济南北遥感地热异常区位于济南岩体的西北、北、东北部,呈NEE向展布,在吴家铺—桑梓店—大桥—崔寨—遥墙—水寨呈带状,东西长60余千米,南部宽10~20km,面积约900km²(图4-1)。目前已施工的QR3、QR4、HR1、HR2、TR2、TR3、LR1、LR2、LR3、LR4、LR5、LR6、LR7等地热井孔,深560~792.78m,井口水温25.5~41.8℃,均在该异常区内,很好地验证了该异常带的真实性和可靠性。

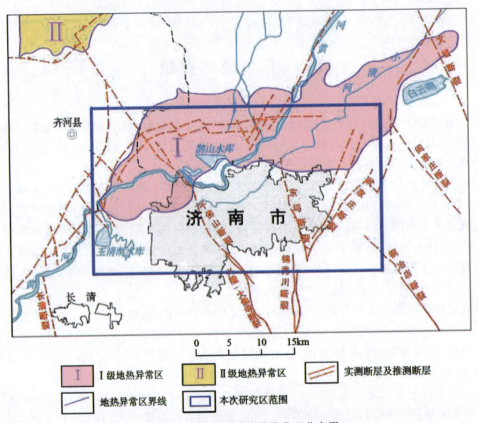

图4-1 研究区区域地热异常区分布图

(二)地热分布范围

研究区属泰山隆起北翼的一部分,古生界分布广泛,地下热水主要赋存在济南岩体周边奥陶纪灰岩中,奥陶纪灰岩为济南岩体周边地热田的主要热储层,岩浆岩裂隙在局部地段形成热储层。受地质构造条件控制,热储赋存特征存在较大差异。

(1)碳酸盐岩类裂隙岩溶热储地热。研究区内以碳酸盐岩类裂隙岩溶热储为主,其分布范围和连续性受寒武纪—奥陶纪灰岩发育特征控制,在济南岩体西侧、北侧、东侧均有分布。济南岩体北侧碳酸盐岩类裂隙岩溶水水温大于25℃,均属地热资源,在济南岩体东、西两侧均有冷、热水分布,冷、热水界线为地热分布边界。

(2)侵入岩类基岩裂隙热储地热。济南岩体位于本研究区中部,以温度大于25℃的基岩裂隙水分布范围为边界,北侧与碳酸盐岩类裂隙岩溶热储相接。

(三)热储层特征及埋藏条件

1. 碳酸盐岩类裂隙岩溶热储

通常将埋藏于地下,具有一定有效孔隙度和渗透性,储存有一定的地热流体,可供开发利用的地质建造称为热储,将地层和岩体分布面积大、产状倾角较缓的热储层称为层状热储。研究区内碳酸盐岩类裂隙岩溶为层状兼带状热储,其特点为:研究区地热田奥陶纪灰岩埋深大部分在3000m以浅,为最经济型或经济型地热资源;奥陶系热储上覆有较好的保温盖层,保温盖层为第四系、第三系、石炭系、二叠系的全部和部分,厚度一般为400~1500m,局部大于1500m;开发资料表明,其地热流体水位埋深浅、出水量大、温度较高、水质较好;热储分布广,研究区边界不是热储层边界,且热储厚度大,可视为无限水层。

研究区内碳酸盐岩类裂隙岩溶热储层岩性以奥陶纪厚层灰岩为主,其间夹有泥岩、白云质灰岩等,岩体接触带附近的大理岩也是重要碳酸盐岩类裂隙岩溶热储层。灰岩段上部岩溶较为发育,向下发育程度逐渐变弱,甚至不发育。以东部鸭旺口LR5为例,灰岩顶板埋深为537.20m,钻孔揭穿该地层,上部岩性主要为灰色灰岩,性脆,坚硬,局部夹薄层泥质灰岩,545.00~580.00m段,岩溶裂隙发育,下部岩性复杂,主要有灰白色泥质灰岩、灰色或灰绿色辉长岩、灰白色大理岩、灰色灰岩,699.45~704.15m、716.50~738.64m两段的大理岩见有溶孔。西部焦斌一带,QR1孔奥陶纪灰岩顶板埋深1 306.53m,岩性主要为青灰色厚层质纯灰岩,致密,坚硬,性脆,其次为浅灰色白云质灰岩,局部夹有泥灰岩。在1371~1380m和1497~1503m段岩溶发育程度较高,钻探过程中这两段均出现漏浆现象。根据区内已有地热钻探和抽水试验资料统计、计算,热储层的裂隙率一般在4%~7%之间。研究区东部地区热储层渗透系数为0.745~4.75m/d,导水系数为73.47~640.16m^2/d;西部地区热储层渗透系数为0.612~5.75m/d,导水系数为150~767.29m^2/d。区内地热水温度存在较大的差异,孔口水温为33~57℃,一般随热储顶板埋深增大而升高。单井出水量一般为1500~2500m^3/d,部分地热井出水量达5000m^3/d以上。

奥陶系在区域内呈北倾单斜构造特征,总体由南而北埋深逐渐增加,研究区内受断裂控制,东西方向上埋深存在较大差异。根据热储结构的不同和分布特征,区内划分了3个地热田,分别为:岩体西部地热田、黄河北地热田和坝子-鸭旺口地热田。岩体西部地热田和黄河北地热田大致以石屯断裂为界,黄河北地热田和坝子-鸭旺口地热田大致以卧牛山断裂为界,卧牛山断裂以西为黄河北地热田,以东为坝子-鸭旺口地热田。

(1)岩体西部地热田。分布于岩体以西黄河以南的地区,热储以奥陶系灰岩含水层为主,热储顶板埋深400~700m,向西埋深逐渐增加,单井出水量2200~3000m^3/d,水温一般为25~37℃,矿化度0.3~0.54g/L,水化学类型为HCO_3-Ca·Mg型。盖层主要为第四系粉砂黏土,新近系杂色黏土岩、泥岩、钙质粉砂岩,局部地段热储之上还有火成岩覆盖。

该区域热储(灰岩)埋深从"灰岩条带"附近的400m,向西逐渐增加至曹家圈槐热5井(HR5)的608m。岩体东侧局部灰岩埋深不足100m,灰岩埋深整体呈向西北方向逐渐增大的趋势。

(2)黄河北地热田。分布在黄河北侧、济南岩体以北地区,热储为奥陶系灰岩含水层,在靠近济南岩体附近热储顶板埋深150~200m,向北逐渐增加至1800m,单井出水量500~1000m^3/d,水温一般为36~57℃。矿化度1.5~4g/L,水化学类型为SO_4-Ca型。盖层主要为第四系粉砂黏土,新近系杂色黏土岩、泥岩、钙质粉砂岩,局部热储之上发育有石炭系泥岩、砂页岩、薄层灰岩,二叠系砂岩、泥岩,局部地段热储以上还有火成岩覆盖。

在济南岩体西北侧裴家断裂与桑梓店断裂之间的"灰岩条带"附近,灰岩埋藏最浅处不足200m,裴家断裂西侧的QR3井揭露厚度256.55m,向北埋深逐渐增加,如QR5井灰岩埋深335m,济北林场的TR3井灰岩埋深763.5m,QR1和QR2井灰岩埋深分别为1 306.53m、1444m。岩体北侧的TR2井灰岩埋深510m,桑梓店北部的TR5、TR6两孔灰岩埋深分别为825m、830m。

(3)坝子-鸭旺口地热田。分布在研究区东北部的坝子—遥墙—鸭旺口一带,呈面状,西界为滩头断裂,向东延伸出研究区,南界大致在坝子村至陈家岭村一线,面积28km^2。热储为奥陶系灰岩含水层,深度在1000m以内,热储厚度300~700m,单井出水量1000~10 000m^3/d,水温30~50℃,矿化度5~7g/L,水化学类型为Cl·SO_4-Ca·Na型,盖层为第四系、新近系、二叠系、石炭系的全部或部分地层,盖层厚度为150~650m。

该地热田热储层顶板埋深南部较浅,在300m左右,向北渐深,达700m左右。热储层埋深与黄河北地热田比较,存在由南向北、由西向东埋深增大的趋势。

2. 侵入岩类基岩裂隙热储

研究区内侵入岩类基岩裂隙热储主要在槐荫区东北部位里庄一带和齐河县油坊赵被揭露,热储层为中生代燕山期济南序列,岩性为辉长岩,盖层为第四系,盖层厚度一般小于200m,热储温度25~38℃。由于辉长岩岩体的存在,水化学类型异于相邻的奥陶系灰岩岩溶水。

济南岩体属于中基性岩,岩性主要为辉长岩,边缘为闪长岩。岩浆由北向南呈仰角侵入,南部呈缓倾斜状超覆于奥陶系之上,由北向南变薄。岩体的北部与灰岩接触呈向北平缓倾斜,且向深部延伸。当岩浆由北向南沿各断裂侵入到一定部位,转成主要沿奥陶纪马家沟群灰岩或石炭纪本溪组与奥陶系假整合面作侧向侵入,接触部位犬牙交错。济南岩体的年龄为128~141Ma,为印支期—燕山期早期的产物,它的存在对本区地下水流动系统起着重要作用。

该类热储变化较大,如齐河油坊赵QR4井,单井涌水量108m^3/d,出水口水温35~38℃,矿化度平均为1 462.24~1530mg/L,水化学类型为SO_4-Ca型。而山东省淡水渔业研究院HR1地热井揭露济南岩体辉长岩在232.45~680m标高之间裂隙发育,水位埋深29.80m,具承压性,涌水量1560m^3/d,水化学类型为SO_4·HCO_3-Na·Ca型,矿化度平均为500mg/L,pH值7.62~8.1,井口水温25.1~25.5℃,水中富含锶、偏硅酸和其他多种对人体有益的元素。

(四)地热流体流场特征及动态

1. 流体流场特征

研究区内地下热水主要赋存于奥陶系灰岩中,为裂隙岩溶型地下热水。热水主要分布在济南岩体北部和东西两翼,岩体南侧为冷水区。

研究济南岩体周边岩溶裂隙水流场特征应将冷、热水综合分析。自然状态下,济南地区岩溶水在南部山区得到补给,自东南向西北方向径流,在各系统的北部前缘(山前)地带受到隔水地层或岩体阻挡而富集,水力梯度减小,径流速率大大减小。地下水通过泉向河道或第四系泄流等方式自然排泄,等水位线平直。由于济南地区灰岩地层被 NNW 向的断层切割形成数个单斜断块,含水层被切断,同时受济南岩体的阻挡,浅部岩溶水向岩体东、西两侧分流,地下水等水位线也不连续,各断块形成相对独立的岩溶水系统。从研究区 2019 年 12 月等水位线图(图 4-2)来看,受济南岩体阻挡之后,浅部岩溶水沿岩体东西两侧灰岩发育带向北径流,水力梯度减小明显,说明地下水运移由急变缓,为地下水的加热和深部缓慢运移创造了条件,同时也形成了灰岩岩溶水温度由南向北逐渐升高的规律。此外部分地下水沿济南岩体(岩盖、岩颈)下部边沿向北运移,形成岩体北侧灰岩埋深 200 余米、地热井水温 35℃ 以上的地热异常区域。

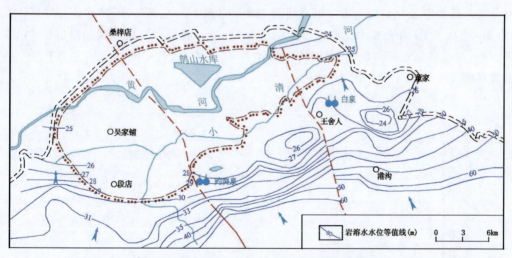

图 4-2 研究区 2019 年 12 月岩溶水等水位线图

此外,通过济南岩体南北两侧地下水特征对比研究,亦可分析出地下流体的变化情况。在济南岩体的南部,辉长岩体超覆和侵入到中奥陶统灰岩中,由于济南岩体的阻挡形成趵突泉、黑虎泉、珍珠泉等泉群。含水层裂隙岩溶发育,水交替循环条件良好,再加之上覆第四系盖层很薄,不具良好保温作用,地下热量不能聚集、升高。因此,在岩体以南所施工的一系列穿透辉长岩体的深井,揭露到奥陶系灰岩甚至更深的寒武系灰岩含水层,水温一般为 15~18℃,孔深 500~800m 时,水温也只有 20℃ 左右。该岩溶水的矿化度较低,水化学类型以 HCO_3-Ca 型和 $HCO_3-Ca·Mg$ 型为主。

济南岩体北侧属鲁中隆起至济阳坳陷过渡的斜坡构造区,分布有第四系、新近系、二叠系、石炭系等。上述地层在区内总厚度为200~1800m,构成了良好的盖层,奥陶系含水层深埋地下。由于岩体的阻隔作用,含水层裂隙岩溶发育较差,水交替循环较弱,处于一种半封闭状态,地下水矿化度较高,为2~10g/L,水化学类型以 SO_4-Ca、$SO_4 \cdot Cl-Ca \cdot Na$ 和 $Cl \cdot SO_4-Na \cdot Ca$ 型为主,说明其径流途径更远、循环深度更大。从冷水和热水区的分析来看,区内岩溶地下水一部分通过岩体两侧向北径流,另一部分深循环至岩体下沿向北径流。

侵入岩类基岩裂隙水流场浅部受地势影响,与第四系松散岩类孔隙水存在水力联系,但该部分基岩裂隙水水温达不到地热标准;深部基岩裂隙水多存储于构造裂隙以及与碳酸盐岩接触的基岩裂隙内。岩体之上未形成地热资源,故不进行评述。岩体内和岩体下沿基岩裂隙水由于单独形成地热资源时水量变化较大,开采井极少,且多与其下岩溶裂隙水联合开采,故在论述岩溶裂隙水流场特征之后,难以单独论述岩体下沿的基岩裂隙水流场特征。

2. 水位动态特征

1)碳酸盐岩类裂隙岩溶水水位动态特征

(1)黄河北地热田岩溶裂隙水水位动态特征。

据黄河北地热田QR4地热井水位动态观测资料显示,该地热井水位的变化呈现上半年3—6月份为下降期,至7月上旬水位降至最低,之后随着雨季的到来,水位回升,下半年受雨季的影响水位基本上处于回升状态。1、2月份和12月份为平水期,水位升降不明显。QR4地热井的水位动态变化特征与岩体以南相距14km的J40井(岩溶冷水井)水位变化规律基本一致(图4-3)。QR4井最高水位变幅小于J40井1~2m,最低水位出现时间滞后于J40井1个月左右,雨季最高水位出现的时间滞后于J40井40天左右,且QR4井水位曲线较J40井水位曲线平滑。

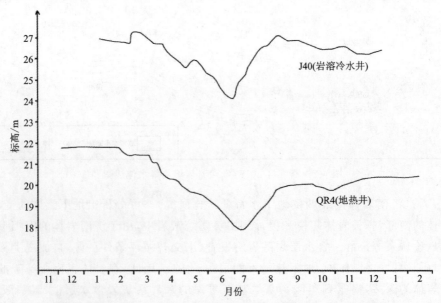

图4-3 黄河北地热田地热水与岩体南部地下水水位动态对比曲线

(2)坝子-鸭旺口地热田裂隙岩溶水水位动态特征。

以坝子-鸭旺口地热田的济钢温泉度假村 LR11 地热井监测数据说明地热水水位动态情况。根据监测结果分析,该井地热水水位受地下热水开采影响,因开采量能及时得到南侧大气降水补给,地热水水位虽高低起伏变化,总体呈平稳态势(图 4-4)。

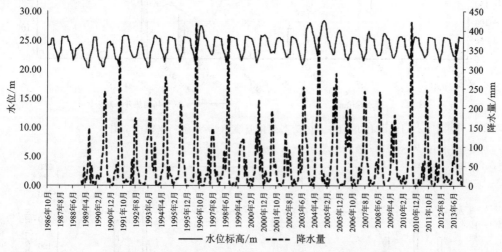

图 4-4　1986—2013 年 LR11 井地热水水位动态曲线图

从 LR11 井地热水水位动态曲线图可知,每年地热水均呈现一峰一谷变化,受雨季降水补给影响,峰值(最高值)一般出现在 9—12 月份,最长可延长至次年的 1 月份,谷值(最低值)一般出现在 5—6 月份,水位年变化 4～8m。随着降水量的动态变化,地热水水位动态出现相应变化,峰值出现时间较降水量延迟 1～3 个月,造成此变化的原因是热储层中的地热水因有巨厚的盖层不能直接得到大气降水的补给,而只能通过南部岩溶水的压力传导影响其水位动态。

对地热水水位动态曲线峰值进行年际对比可知,随着降水量的变化,地热水水位呈现高低起伏变化,最高水位出现在 2004 年,水位为 28.41m,当年降水量最大,为 1091mm,最低水位出现在 1989 年,水位为 20.22m,当年降水量最小,为 365mm。

(3)西部地热田溶裂隙水水位动态特征。

根据 HR4 地热井 2018 年 11 月—2019 年 11 月地热水动态观测数据,该井在观测时段内,水头高度变化明显,波动幅度较大,年变幅可达 2.29m。通过与当地降水资料对比发现,该井水头变化情况随降水增多明显升高,尤其是 2019 年 8 月 11 日台风"利奇马"带来的强降水,在 8 月 11 日—8 月 21 日,水位增长了 161cm,水位变化滞后降水量变化时间十几天(图 4-5)。由此推测该地热井地热流体补给条件良好,深部灰岩岩溶裂隙发育。

此外,济南市淡水养殖科学研究所 HR3 地热井 2011 年 7 月—2012 年 10 月水位观测资料显示(图 4-6),该地热井水位与降水量呈明显的正相关,但是水位变化滞后降水量变化一个月左右,在 2011 年 8 月和 2012 年 7 月出现了两次较强降水,地热井水位分别在 2011 年 9 月和 2012 年 8 月出现明显升高。

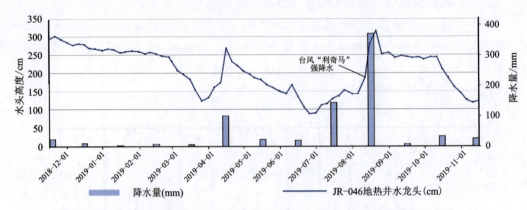

图 4-5 JR-046 地热井水位动态变化曲线图(降水资料来源于济南市气象局)

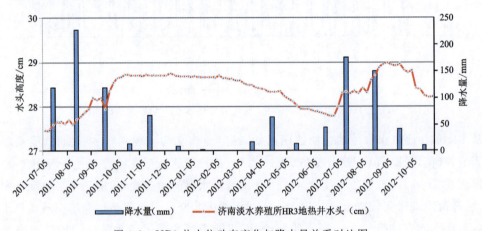

图 4-6 HR3 井水位动态变化与降水量关系对比图

由上述水位动态对比不难看出,济南岩体周边地热水补给来源受大气降水的影响,地热水与岩体南侧冷水区的岩溶水有相同的补给来源,水位高峰滞后于降水时间从西部地热田、黄河北地热田到坝子-鸭旺口地热田逐渐增长,说明地热水均由南部山区大气降水入渗补给,西部、黄河北、坝子-鸭旺口地热田补给途径逐渐增长,循环深度也在加大。

2) 侵入岩类基岩裂隙水水位变化特征

现有侵入岩类基岩裂隙热储地热井主要分布在槐荫区,以山东省淡水水产研究所 HR1 地热井为代表,侵入岩类基岩裂隙热储水位动态监测结果显示,侵入岩类基岩裂隙热储层地热水水位受地下热水开采影响,地热水水位埋深随着补给量的变换波动,但整体变化不明显(图 4-7)。如从 2002 年开始,除了 2003 年水位埋深较浅外,随着开采量的变化,地热水水位埋深发生不同程度的变化,总体上地热水水位埋深呈下降趋势,但下降幅度不大。水位埋深从 2002 年的 29.3m,下降至 2013 年的 29.96m,水位下降约 0.66m,年均下降 0.06m。

地热水水位埋深年内变化存在起伏,最高水位一般出现在每年的 6—9 月份,9 月份以后,降水量减少,随着地热水开采不断持续,地热水水位埋深不断加大,最低点出现在每年的 4—5 月份。年内水位埋深变化 1.5~3m。

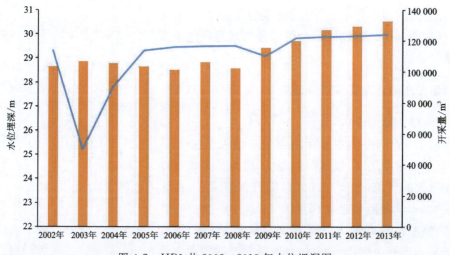

图 4-7　HR1 井 2002—2013 年水位埋深图

3. 地热水水温动态变化特征

（1）碳酸盐岩类裂隙岩溶热储水水温动态变化。

地热水的温度一般是恒定的。岩体以南的冷水区水温小于 20℃，一般在 15~18℃ 之间。岩体两侧及北部地热分布区，如 LR2 热水孔在 1990 年 8 月—1991 年 10 月自流期间，其水温始终为 33~34℃，冬夏均无变化。又如鸭旺口 LR3 井在 1986 年 10 月—1989 年 6 月，根据两年零 9 个月的观测资料，在不抽水情况下，孔口自流水水温为 41℃，没有变化。根据水温的多年观测资料，也能说明该热水是经地下深处深循环形成的。

（2）侵入岩类基岩裂隙热储水水温动态变化。

侵入岩类基岩裂隙热储地热水水温稳定，山东省淡水水产研究所 HR1 地热井多年来地热水温度在 25.2~25.5℃ 之间变化，温度稳定。

（五）地温场特征

1. 地温场主要参数

地温能反映地球内热能的变化程度，地温的变化是地质构造条件和地质历史的综合反映。影响地壳浅部地温的主要因素一般有基底面的起伏、构造形态、地下水活动和岩浆活动等。区域上凹凸相间的构造特征和活动断裂带的存在对地壳浅部地温分布有着十分重要的影响。

地温场的表征参数主要是地温和地温梯度。研究区年内地温场自上而下分为 3 个带，即地温变动带、恒温带和增温带。地温变动带位于最上部，地温受气象、水文、人为等因素综合影响而发生周期性的日变化、年变化等。恒温带位于地温变动带与增温带之间，在该深度范围内地温值基本上是恒定的，不受气象、水文、人为等因素的影响。增温带位于恒温带下，地温主要受地球内部热源的影响,总体上呈随深度增加而逐步增大的趋势,故称增温带。恒温带实际上是增温带的开始,因厚度较薄,故称恒温层,恒温层深度与增温带起始深度基本是一致的。

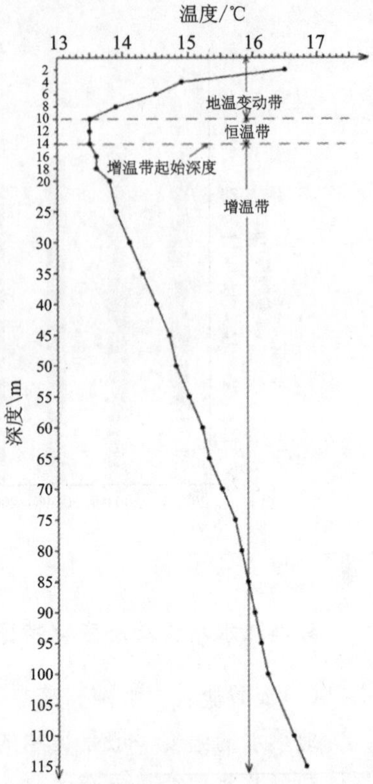

2. 增温带起始地温及恒温带温度

(1)增温带起始深度。

研究区150余口井测温显示增温带起始深度在12～20m之间,热储层盖层厚、埋藏深的地区,增温带起始深度存在明显增深的现象,如研究区北部第四系测温孔,最大测温深度115m。增温带起始深度为14m,10～14m深度为恒温带,恒温层厚4m;0～10m深度为地温变动带,厚度10m;在14～115m深度,地温总体呈现随深度增加而逐渐增高的趋势,局部略有变化(图4-8)。

(2)增温带起始地温(恒温带温度)。

研究区增温带起始地温13.0～14.0℃,略高于当地多年平均气温,受基底构造、地下水活动、岩浆活动和人类活动等因素影响,增温带起始地温在平面上有一定的变化规律。

3. 盖层和热储层地温梯度

图4-8 研究区北部第四系测温孔测温曲线

因研究区内侵入岩类基岩裂隙热储钻孔资料较少,对其盖层地温梯度和热储层的研究有限。碳酸盐岩类岩溶裂隙热储因热储层温度、盖层、热储层埋深及厚度的差异,其地温梯度相差较大,详述如下。

(1)浅部盖层地温梯度。

机民井深度多集中在60～80m,能够反映浅部盖层(第四系)地温梯度,对异常区圈定具有一定的参考作用。区内浅部盖层地温梯度一般为3.0～4.5℃/100m,与我国平均地温梯度值(3.0℃/100m)相近。其中坝子—鸭旺口地热田一带地温梯度为3.5～4.5℃/100m,黄河北地热田一带地温梯度为3.0～4.5℃/100m,西部地热田地温梯度一般为2.5～4.0℃/100m。

(2)热储盖层地温梯度。

采用部分地热钻井测温数据计算热储盖层地温梯度,其值变化较大,在2.72～11.15℃/100m之间,HR1井最低,QR4井最高(表4-1)。

表4-1 奥陶系灰岩热储区盖层地温梯度计算一览表

井号	成井深度/m	孔口水温/℃	热储顶界埋深/m	利用热储厚度/m	热储顶界温度/℃	增温带起始深度/m	增温带起始地温/℃	盖层地温梯度/(℃/100m)
LR1	576.90	33.5	293.00	283.90	30.3	12	15.0	5.44
LR2	569.00	36.3	510.00	59.00	35.6	12	15.0	4.14

续表 4-1

井号	成井深度/m	孔口水温/℃	热储顶界埋深/m	利用热储厚度/m	热储顶界温度/℃	增温带起始深度/m	增温带起始地温/℃	盖层地温梯度/(℃/100m)
LR3	777.03	41.8	672.70	104.33	40.6	12	15.0	3.87
LR4	790.00	45.2	630.00	160.00	43.4	12	15.0	4.60
LR5	792.78	41.0	537.20	255.58	38.1	12	15.0	4.40
LR6	777.40	40.7	528.38	249.02	37.9	12	15.0	3.38
LR7	790.00	38.0	689.00	101.00	36.9	12	15.0	3.23
TR1	900.95	55.0	832.00	68.95	54.2	16	14.5	4.87
TR2	560.00	23.9	170.29	80.34	23.0	16	15.0	5.19
TR3	904.96	45.2	763.50	141.46	43.6	20	14.5	3.91
HR1	680.00	25.5	230.00	450.00	20.4	12	14.5	2.71
QR1	1 601.57	57.0	1 306.53	295.04	53.7	20	13.5	3.12
QR2	1 734.19	55.5	1 444.00	290.19	52.2	20	13.5	2.72
QR3	653.41	36.0	246.55	406.86	31.4	20	13.5	7.90
QR4	643.06	38.0	194.00	449.06	32.9	20	13.5	11.15
QR5	809.00	43.0	380.00	410.00	38.0	20	13.5	6.80

热储盖层地温梯度在平面上变化规律较明显，鸭旺口一带为 3.38～4.60℃/100m，桃园一带为 4.14～5.44℃/100m，桑梓店一带为 3.91～5.19℃/100m，齐河焦斌屯一带为 2.72～11.15℃/100m，槐荫区位里庄一带为 2.71～3.12℃/100m（图 4-9）。从总体上看，济南岩体北部边缘盖层地温梯度最大，往北逐渐减小。地温梯度还与奥陶系灰岩热储层埋深关系密切，即奥陶系灰岩热储层埋藏较浅的齐河与天桥区交界处，地温梯度最大（QR4 井为 11.15℃/100m）；奥陶系灰岩热储层埋藏较深，并远离济南岩体的地区（如 QR2 井）盖层地温梯度较低。另外，盖层地温梯度也与下伏热储层岩性有关，下伏侵入岩类基岩裂隙热储的盖层地温梯度较低，如 HR1 井、HR2 井。这说明，济南岩体对济南北部一带地热地质条件影响最为明显。

(3) 热储层地温梯度。

研究区内碳酸盐岩热储地热井，井深一般在 1500m 以内，大多数钻孔揭穿盖层进入岩溶裂隙热水层后，地温增加幅度降低，灰岩岩溶裂隙发育层段热储层地温梯度一般小于 2℃/100m。如齐河县 QR5 井，热储顶板附近温度 38℃（335m），井底温度 46℃（800m），热储层地温梯度为 1.7℃/100m；又如槐荫区曹家圈 HR5 井热储顶板附近温度 29.7℃（680m），井底温度 34.6℃（1207m），热储地温梯度仅为 0.93℃/100m。

(4) 碳酸盐岩类裂隙岩溶热储中心温度。

研究区内已有地热井孔集中分布在历城区的鸭旺口、桃园，天桥区的桑梓店北部左家村、北郊林场、大桥镇刘家村、齐河县经济开发区、槐荫区沿黄地带等地区共有碳酸盐岩热储地热井近 30 眼，井口水温 25.2～55.5℃，总体呈由南往北水温逐渐增高的趋势。鸭旺口一带的

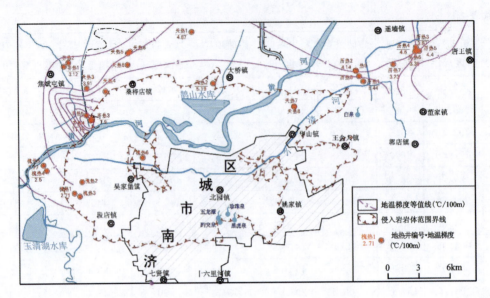

图 4-9 研究区热储盖层地温梯度等值线图

5眼地热井,深 770.40～790m,奥陶系灰岩热储顶界埋深 528.38～689m,井口水温 38～41℃。桃园一带的 4 眼地热井,深 576.9～806.3m,奥陶系灰岩热储顶界埋深 293～510m,井口水温 33.5～36.2℃。桑梓店北部的 6 眼地热井,深 419.1～1850m,奥陶系灰岩热储顶界埋深 170.29～832m,井口水温 23.9～55℃。齐河境内的 5 眼地热井,深 643.06～1 734.19m,奥陶系灰岩热储顶界埋深 246.55～1444m,井口水温 36～57.5℃。槐荫区内的 6 眼地热井,深 680～1701m,奥陶系灰岩热储顶界埋深 580～680m,井口水温 25～31℃。

研究区奥陶系灰岩热储中心温度在 25～57℃ 之间,其中,在怀家庄—李家庄—河套圈—大挞子营一线往南至济南岩体的区域,热储顶界埋深一般小于 500m,奥陶系灰岩热储中心温度为 25～40℃,该区已有地热井为 TR2、LR1、LR2、LR7 等。在黄家庄—回河—王家店一线以南及怀家庄—李家庄—河套圈—大挞子营一线以北至研究区边界的区域,奥陶系灰岩热储顶界埋深一般在 500～1500m 之间,预测奥陶系灰岩热储中心温度为 40～60℃,该区已有地热井为 TR1、TR3、LR3、LR4、LR5、LR6 等。

(5)侵入岩类基岩裂隙热储中心温度。

已有地热井位于槐荫区段店镇位里庄—丘家庄一带,简称位里庄地热区,热储层为济南岩体辉长岩,盖层为第四系及新近纪明化镇组,厚度一般为 200～250m,预测热储中心温度 25～30℃。井深 680.00～707.68m,盖层厚度 195～220m,井口水温 25.2～25.5℃。

(六)地热流体地球化学特征

1. 地热水水化学组分含量特征

研究区目前地热勘探和开发利用程度最高的地区主要集中在黄河北地热田和东坝子-鸭旺口地热田,地热井也主要集中在这些地区。将地热水水化学分析结果汇总于表4-2,按主要

表 4-2 地热水及冷水水化学分析结果

编号	井口温度/°C	pH	EC/(μS/cm)	K	Na	Ca	Mg	Cl	SO_4	HCO_3	B	Li	Si	Sr	F	TDS	CB/%	水化学类型
								mg/L										
HR1	25.5	8.10	—	4.30	72.12	35.41	17.41	32.85	81.95	206.61	—	0.04	26.36	0.37	0.12	490.00		$SO_4 \cdot HCO_3-Ca \cdot Mg$
HR3	27.5	7.70	—	2.95	16.71	61.36	25.74	16.43	61.46	324.09	—	0.01	9.52	1.94	0.12	396.06		$SO_4 \cdot HCO_3-Ca \cdot Mg$
HR5	31.0	7.40	—	1.83	15.00	67.34	19.34	11.97	49.15	266.00	0.03	0.012	8.14	0.61	0.43	315.50		$HCO_3-Ca \cdot Mg$
QR1	55.1	7.53	3620	20.78	201.70	550.50	111.55	333.17	1 665.49	173.85	0.74	0.36	13.39	12.71	4.00	3 001.31	−0.87	SO_4-Ca
QR3	40.0	7.52	1017	4.92	53.12	99.18	29.92	46.80	249.21	271.45	0.25	0.07	9.07	3.13	0.80	632.20	−5.14	$SO_4 \cdot HCO_3-Ca \cdot Mg$
QR4	35.0	7.17	1755	9.12	79.96	212.60	55.18	93.99	508.91	237.90	0.30	0.14	10.47	5.53	1.80	1 096.94	4.96	SO_4-Ca
QR6	40.0	6.98	3260	17.80	126.05	613.50	127.90	190.93	2 124.04	148.69	0.57	0.32	10.58	13.24	2.45	3 301.71	−4.83	SO_4-Ca
TR1	57.0	7.40	—	28.00	350.00	556.77	121.89	274.90	2 006.20	166.30	1.18	1.08	11.66	8.78	3.50	3 447.12	1.57	$SO_4-Ca \cdot Na$
QR2	55.0	7.43	3100	17.71	130.45	562.00	116.65	208.74	1 615.97	152.50	0.54	0.29	12.76	12.91	2.69	2 756.95	2.21	SO_4-Ca
TR3	41.0	7.14	3390	18.98	181.80	554.00	108.40	313.44	1 787.58	186.05	0.66	0.34	12.11	12.40	3.50	3 086.23	−4.24	SO_4-Ca

续表 4-2

编号	井口温度/℃	pH	EC/(μS/cm)	K	Na	Ca	Mg	Cl	SO$_4$	HCO$_3$	B	Li	Si	Sr	F	TDS	CB/%	水化学类型
							mg/L											
LR1	33.5	7.07	2420	12.81	200.00	282.46	60.67	319.10	678.77	238.72	0.50	0.75	8.99	5.96	2.00	1 691.38	2.10	SO$_4$·Cl−Ca·Na
LR5	39.0	7.20	—	67.50	1 310.00	857.79	138.51	2 361.89	2 170.05	110.65	2.10	—	12.15	17.25	3.25	6 995.82	−0.19	Cl·SO$_4$−Na·Ca
LR6	30.0	7.52	8700	38.22	1 250.00	632.50	127.10	2 113.96	2 022.23	131.15	1.21	2.38	9.82	17.34	2.50	6 282.84	−3.12	Cl·SO$_4$−Na·Ca
LR8	33.0	7.40	—	25.00	433.33	457.79	96.47	775.16	1 171.39	208.74	1.17	—	11.20	14.30	2.40	3 092.58	0.75	SO$_4$·Cl−Ca·Na
LR10	38.0	7.27	6330	34.96	643.40	659.70	133.20	1 143.03	1 683.56	186.05	1.13	1.63	9.29	14.62	1.90	4 419.45	1.84	SO$_4$·Cl−Ca·Na
LR11	43.0	7.32	9910	70.88	1 248.00	762.20	129.00	2 405.71	1 919.53	112.85	2.16	3.39	13.93	18.53	4.50	6 634.26	−2.18	Cl·SO$_4$−Na·Ca
A2-5*	15.4	7.53	673	0.89	13.33	90.47	21.95	33.43	54.21	263.56	<0.01	0.02	6.17	0.58	0.15	352.98	4.22	HCO$_3$−Ca·Mg
Tan1*	15.4	7.47	652	0.78	8.33	74.39	23.16	27.35	56.56	219.64	<0.01	0.01	7.11	0.49	0.25	308.24	4.16	HCO$_3$−Ca·Mg
JW02*	17.0	7.66	540	1.44	15.00	66.69	22.60	13.68	65.99	257.24	0.02	0.02	5.09	0.95	0.50	320.59	−0.59	HCO$_3$−Ca·Mg
DW1*	24.0	8.09	663	2.55	75.00	35.31	16.65	28.87	153.19	145.77	0.05	0.05	16.16	0.34	0.30	401.35	0.66	SO$_4$·HCO$_3$−Na·Ca

注：带*数据引自王家乐等(2016)。CB 指阴阳离子电荷平衡百分比；EC 指可溶性盐浓度。

离子组分的摩尔百分比投影到 piper 三线图上(图 4-10),分析水化学分布特征。同一地区的地热水水样表现出相同或相似的水化学特征,不同地区之间水化学特征差异较大,反映出地质条件以及相应水文地球化学过程的空间差异性。

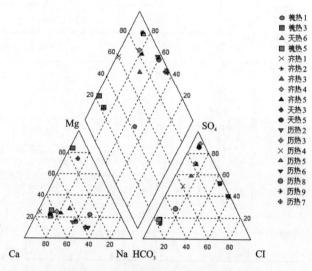

图 4-10　地热水水化学 piper 三线图

按不同地热田对地热水水化学特征进行总结:西部地热田井口水温为 25.5~31℃,水化学类型为 $SO_4·HCO_3-Ca·Mg$ 型和 $HCO_3-Ca·Mg$ 型,TDS 平均值为 400.52mg/L。黄河北地热田井口水温变化范围为 35~55.1℃,水化学类型大部分为 SO_4-Ca 型,TDS 平均值为 2312mg/L,在中部天热 1 井井口水温为 57℃,水化学类型为 $SO_4-Ca·Na$ 型,TDS 值为 3447mg/L。坝子-鸭旺口地热田西部桃园附近井口水温变化范围为 30~48℃,水化学类型均为 $SO_4·Cl-Ca·Na$ 型,TDS 平均值为 3067mg/L,而东部鸭旺口附近井口水温变化范围为 30~43℃,水化学类型均为 $Cl·SO_4-Na·Ca$ 型,TDS 平均值为 6637mg/L。

地热田以南(岩体及南侧)地下冷水水温均低于 25℃,岩溶水水化学类型为 $HCO_3-Ca·Mg$ 型,TDS 低于 400mg/L。

黄河北地热田和坝子-鸭旺口地热田除 HCO_3^- 外,地热水中几乎所有主要离子含量,包括微量元素(如 B、Li、Si、Sr、F 等)均高于地下冷水,主要是因为地热水经深循环与岩体水岩交换作用增强,同时运动滞缓,岩体及岩溶围岩中大量矿物溶解于地热流体中,使得地热水中的离子含量远远高于冷水。西部地热田因距补给区较近,未流经岩体,水岩交换作用弱,表现出与冷水相近的特征。

2. 地热水氢氧同位素特征及补给来源分析

氢氧稳定同位素常用来分析地下水的补给来源,地热水的氢氧同位素测试结果见表 4-3,地热水中 δ^2H、$\delta^{18}O$ 变化范围分别为 -76.2‰~-66.5‰ 和 -10.2‰~-9.2‰。

表 4-3 地热水氢氧同位素组成及计算补给高程

编号	井口标高/m	$\delta^2 H_{VSMOW}$/‰	$\delta^{18} O_{VSMOW}$/‰	计算补给高程/m
QR1	23	−75.4	−10.2	1426
QR2	24	−74.7	−9.9	1371
QR3	26	−68.4	−9.4	970
QR4	27	−68.0	−9.7	833
QR6	24	−75.6	−9.8	1443
TR3	25	−76.2	−10.0	1493
LR1	23	−66.5	−9.2	708
LR6	22	−71.0	−9.3	1070
LR10	22	−72.0	−9.8	1151
LR11	22	−73.0	−9.8	1232

如图 4-11 所示,地热水的氢氧同位素基本沿全球大气降水线(GMWL,$\delta^2 H = 8\delta^{18} O + 10$)和当地大气降水线(LMWL,$\delta^2 H = 7.46\delta^{18} O + 0.90$)分布,无明显的氧同位素漂移,显示地下水来自大气降水补给,未经历明显的蒸发作用,与围岩也无明显的同位素交换作用发生。为了进行对比分析,将地热田南部岩溶水汇集排泄区的岩溶冷水及第四系水的氢氧同位素组成也一并绘入图 4-11。相比岩溶冷水,地热水的氢氧同位素显著偏负,说明地热水水源径流时间更长。

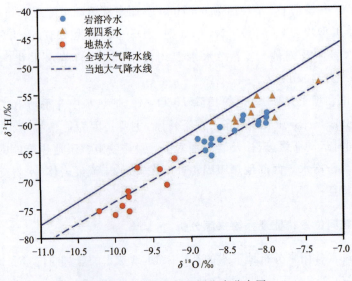

图 4-11 地热水氢氧同位素分布图

^{14}C 常用来测定地下水年龄，其测年范围为数百年至 5 万年。研究区地热水的 ^{14}C 含量为 3.97～19.66PMC，对应表观年龄为 26.68～13.44ka BP（表 4-4），表明地热水的补给可能追溯至晚更新世，地热水显著偏负的氢氧同位素组成可能是由于晚更新世时期的补给。地热水样品中 QR3、QR4、TR1 具有相对较高的 ^{14}C 含量，其表观年龄也相对较年轻，可能是由于地热水在上升过程中与浅部新冷水发生了混合。

表 4-4　研究区地热水 ^{14}C 含量及 ^{14}C 表观年龄

编号	^{14}C 含量/PMC	^{14}C 表观年龄/ka BP
QR1	4.73±1.39	25.23±2.43
QR3	11.59±0.56	17.82±0.40
QR4	9.02±1.01	19.89±0.92
TR1	19.66±1.41	13.44±0.59
TR3	3.97±0.70	26.68±1.45
TR6	<6.20	>22.99
TR10	4.97±1.06	24.82±1.77
TR11	5.88±1.23	23.43±1.72

二、地热资源潜力

根据研究区地质特征及热储埋藏条件，结合以往地热勘查开发成果，估算 3000m 以浅可开采深度内的碳酸盐岩类裂隙岩溶热储和侵入岩类基岩裂隙热储地热资源。

（一）热储模型

为便于地热资源计算及计算参数的选取、确定，将复杂、不规则、多断块分布的地质形态，简化为一个理想的几何形态，并建立热储概念模型。

1. 碳酸盐岩类裂隙岩溶热储模型

对于碳酸盐岩类裂隙岩溶热储层，按西部地热田、黄河北地热田、坝子-鸭旺口地热田 3 个地热田分别进行计算。其中，西部地热田西部边界为研究区边界，黄河北地热田北部边界为研究区边界，坝子-鸭旺口地热田北部边界和东部边界为研究区边界，中部以济南岩体为界。在各计算块段内，热储含水层为均质、各项同性、水平展布的；盖层为第四系、新近纪明化镇组、石炭系—二叠系等，下部寒武系及以下的正常大地传导性热流为裂隙岩溶热储的主要热流（图 4-12）。

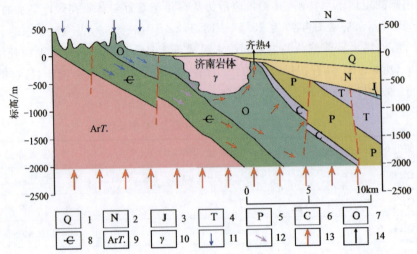

1.第四系;2.新近系;3.侏罗系;4.三叠系;5.二叠系;6.石炭系;7.奥陶系;8.寒武系;9.泰山岩群;
10.中生代侵入岩;11.大气降水;12.地下水流;13.大地热流;14.地热井

图 4-12 研究区热储概念模型

2. 侵入岩类基岩裂隙热储模型

由于济南岩体为一不规则地质体,其整体形似"岩镰",模型简化时南侧以热储温度大于25℃为界,西、北、东以碳酸盐岩裂隙岩溶热储为界,盖层为其上的第四系和上部岩体,其下正常传导热流为深部岩体。

(二)主要计算参数

1. 热储层参数

1)热储面积(A)

研究区内地热资源分布总面积为 538.54 km², 其中碳酸盐岩裂隙岩溶热储分布面积为 370.67 km², 占研究区地热分布面积的 68.83%,包括西部地热田(面积为 42.40 km²)、黄河北地热田(面积为 216.55 km²)、坝子-鸭旺口地热田(面积为 111.72 km²);侵入岩类基岩裂隙热储分布面积为 167.87 km², 占研究区地热面积的 31.17%。

西部地热田:面积为 42.40 km², 通过以往地热井揭露,热储温度一般在 35℃左右,据地热地质条件,向西北热储层温度逐渐升高。该地热田热储温度为 25~35℃的面积 27.82 km², 热储温度大于 35℃的面积 14.58 km²。

黄河北地热田:面积为 216.55 km², 该地热田以往地热井揭露热储温度在 35~57℃之间,根据构造和热储温度划分计算亚区,亚区的温度划分区间为 25~35℃、>35~45℃、>45~55℃、>55℃,各计算亚区面积见表 4-5。

表 4-5 黄河北地热田计算亚区面积统计表

分区	亚区编号	面积/km²
黄河北地热田(Ⅱ)	Ⅱ-1	44.51
	Ⅱ-2	58.52
	Ⅱ-3	83.79
	Ⅱ-4	29.73
	小计	216.55

坝子-鸭旺口地热田:面积为 111.72km²,该地热田以往地热井揭露热储温度为 33~45.2℃,根据地质特征及热储温度,进行亚区划分,亚区热储温度划分区间为 25~35℃、>35~45℃、>45~55℃,各计算亚区面积见表 4-6。

表 4-6 坝子-鸭旺口地热田计算亚区面积统计表

分区	亚区编号	面积/km²
坝子鸭旺口地热田(Ⅲ)	Ⅲ-1	21.68
	Ⅲ-2	45.34
	Ⅲ-3	44.70
	小计	111.72

侵入岩类基岩裂隙热储:面积为 167.87km²,以往该类热储施工地热井较少,且温度偏低,如槐热 1(HR1)井出水口温度 25.5℃,如 2016 年施工的干热岩孔(JGZK-1)揭露济南岩体测井温度为 31.9℃(100m)~41.7℃(1120m),平均温度为 36.8℃,水量小(约 28m³/d)。亦根据济南岩体特征划分 2 个亚区,热储温度划分为 25~35℃ 和 >35℃,其面积分别为 113.50km² 和 54.37km²。

2)热储厚度(d)

碳酸盐岩类岩溶裂隙热储层厚度:根据各亚区内地热井揭露岩溶结合测井资料,参考《济南市北部地热资源普查报告》《济南市北部地区地热田开发与保护研究报告》《山东省济南东北部地热资源调查报告》《济南市槐荫区沿黄旅游度假区地热资源调查评价报告》等成果资料综合确定。

侵入岩类基岩裂隙热储层厚度:根据工作区内收集的 HR1 地热井钻孔资料、干热岩孔 JGZK-1 孔资料,结合工作区地热地质条件,该类型热储 2 个亚区资源量计算热储层厚度取 50m 和 100m。

各亚区热储厚度如表 4-7 所示。

表 4-7 各计算亚区热储厚度统计表

分区	亚区编号	热储层厚度/m
西部地热田（Ⅰ）	Ⅰ-1	100
	Ⅰ-2	94
黄河北地热田（Ⅱ）	Ⅱ-1	290
	Ⅱ-2	250
	Ⅱ-3	150
	Ⅱ-4	150
坝子-鸭旺口地热田（Ⅲ）	Ⅲ-1	280
	Ⅲ-2	280
	Ⅲ-3	200
基岩热储（Ⅳ）	Ⅳ-1	50
	Ⅳ-2	100

2. 岩石和水的物理参数

1）孔隙度(Φ)

西部地热田：据《济南市槐荫区沿黄旅游度假区地热资源调查评价报告》，综合测井所得孔隙度资料，获取碳酸盐岩类岩溶裂隙热储的平均孔隙度 $\Phi=11.74\%$。

黄河北地热田：据《山东省淄（北）济（北）聊（东）地区裂隙岩溶型地热田形成机理与可持续利用研究报告》，济南北部石灰岩的裂（孔）隙度为 $4\%\sim7\%$，均值为 5.5%；据《山东省济南东北部地热资源调查报告》，取值 4.0%。

根据济南市干热岩资源调查报告的岩样测试结果，区内侵入岩类基岩裂隙热储孔隙度为 $0.41\%\sim8.77\%$，本次计算采用其算术平均值，求得侵入岩类基岩裂隙热储的平均孔隙度为 $\Phi=3.00\%$。

2）热储温度(T_r)

根据研究区内地热地质条件和热储层特征，对热储层温度进行了分区，位于高、低两条等温线内的亚区，热储温度取值为两条等温线平均值；仅有低等温线的亚区，热储温度取低等温线值。

3. 岩石、水的密度(ρ)与比热容(c)

根据《地热资源地质勘查规范》(GB/T 11615—2010)，采用查表法确定灰岩与水的密度和比热容，济南岩体辉长岩的密度和比热容采用《济南市干热岩资源调查评价报告》岩样测试结果，采用算术平均法求得（表 4-8）。

表 4-8 岩石和水的物理参数

分区		孔隙度 Φ/%	岩石密度 ρ_c/(kg/m³)	岩石比热容 c_r/(J/kg·℃)	热水密度 ρ_w/(kg/m³)	热水比热容/c_w/(J/kg·℃)
西部地热田（Ⅰ）	Ⅰ-1	11.74	2700	920	994.1	4180
	Ⅰ-2	11.74	2700	920	995.1	4180
黄河北地热田（Ⅱ）	Ⅱ-1	5.5	2700	920	985.7	4180
	Ⅱ-2	5.5	2700	920	988.0	4180
	Ⅱ-3	5.5	2700	920	992.2	4180
	Ⅱ-4	5.5	2700	920	995.1	4180
坝子-鸭旺口地热田（Ⅲ）	Ⅲ-1	4.0	2700	920	990.2	4180
	Ⅲ-2	4.0	2700	920	992.2	4180
	Ⅲ-3	4.0	2700	920	995.1	4180
基岩裂隙热储（Ⅳ）	Ⅳ-1	3.0	2857	788	995.1	4180
	Ⅳ-2	3.0	2857	788	994.1	4180

4. 热动力学参数

渗透系数、导水系数、弹性释水系数根据以往钻孔和成果数据确定，热储层动力参数见表 4-9。

表 4-9 各区热储层动力参数一览表

分区	地热井	渗透系数/(m/d)	导水系数/(m²/d)	弹性释水系数/$\times 10^{-6}$
西部地热田（Ⅰ）	HR5 HR4	1.38	129.53	5.16
黄河北地热田（Ⅱ）	TR1	0.727	178	0.71
	TR3	5.75	767.29	3.48
	QR2	0.582	140	—
	取值	2.35	361.76	2.1
坝子-鸭旺口地热田（Ⅲ）	LR8	4.75	640.16	9.92
	LR3	0.745	73.47	1.37
	LR5	0.917	129.43	2.41
	LR6	0.299 7	112.34	2.09
	取值	1.68	238.85	3.95
基岩裂隙热储（Ⅳ）	HR1	16.86	219.18	0.18

(三)地热资源储量

采用"热储法"计算研究内地热资源总量 622.65×10^{16} J,折合标准煤 21.25×10^7 t。其中碳酸盐岩类岩溶裂隙热储地热资源总量 574.02×10^{16} J,折合标准煤 19.59×10^7 t。西部地热田地热资源总量 20.22×10^{16} J,折合标准煤 0.69×10^7 t;黄河北地热田地热资源总量 380.96×10^{16} J,折合标准煤 13.00×10^7 t;坝子-鸭旺口地热田地热资源总量 172.84×10^{16} J,折合标准煤 5.90×10^7 t。侵入岩类基岩裂隙热储地热资源总量 48.63×10^{16} J,折合标准煤 1.66×10^7 t。计算结果见表 4-10。

表 4-10 地热资源量计算成果表

计算块段		地热资源总量 Q		岩石中储存热量 $Q_r / \times 10^{16}$ J	地热水中储存热量 $Q_w / \times 10^{16}$ J	地热水储存量 $Q_L / \times 10^8 m^3$	静储量 $Q_1 / \times 10^8 m^3$	弹性储量 $Q_2 / \times 10^7 m^3$
		热量/ $\times 10^{16}$ J	标准煤/ $\times 10^7$ t					
西部地热田(Ⅰ)	Ⅰ-1	8.50	0.29	6.87	1.63	1.82	1.71	1.13
	Ⅰ-2	11.72	0.40	9.46	2.25	3.29	3.07	2.15
	小计	20.22	0.69	16.33	3.88	5.11	4.78	3.28
黄河北地热田(Ⅱ)	Ⅱ-1	138.12	4.71	125.74	12.38	7.24	7.10	1.40
	Ⅱ-2	137.75	4.70	125.34	12.41	8.23	8.05	1.84
	Ⅱ-3	86.08	2.94	78.19	7.89	7.18	6.91	2.64
	Ⅱ-4	19.02	0.65	17.27	1.75	2.55	2.45	0.94
	小计	380.96	13.00	346.54	34.42	25.19	24.51	6.82
坝子-鸭旺口地热田(Ⅲ)	Ⅲ-1	48.93	1.67	45.59	3.33	2.56	2.43	1.28
	Ⅲ-2	86.11	2.94	80.23	5.88	5.35	5.08	2.69
	Ⅲ-3	37.81	1.29	35.17	2.64	3.84	3.58	2.65
	小计	172.84	5.90	161.00	11.85	11.74	11.08	6.62
基岩裂隙热储(Ⅳ)	Ⅳ-1	21.64	0.74	20.45	1.19	1.73	1.70	0.31
	Ⅳ-2	27.00	0.92	25.53	1.47	1.65	1.63	0.15
	小计	48.63	1.66	45.97	2.66	3.38	3.33	0.45
总计		622.65	21.25	569.84	52.81	45.43	43.71	17.18

(四)地热流体可采量

1. 地热流体可采量

利用已有地热井抽水试验资料,求取降深 30m 时,单井开采影响半径,适当增大确定为其开采的权益影响半径,计算单井影响面积,求得研究区地热流体总可采量为:$191.5706 \times 10^4 m^3/d (6.99 \times 10^8 m^3/a)$(表 4-11)。

表 4-11　工作区内各类热储区可采量计算结果一览表

分区		热储面积/km²	利用地热井名称	单井影响面积/km²	布井数 N/眼	单井涌水量 Q_i/(m³/d)	可采量 Q/(m³/d)	100年可采热水储存量/×10⁸ m³
西部地热田（Ⅰ）	Ⅰ-1	14.58		2.01	7	2540	17 780	6.40
	Ⅰ-2	27.82	HR4、HR5	2.01	13	2540	33 020	11.89
	小计						50 800	18.29
黄河北地热田（Ⅱ）	Ⅱ-1	44.51	QR2	1.13	39	2736	106 704	38.419
	Ⅱ-2	58.52	TR3	1.2	48	2016	96 768	34.84
	Ⅱ-3	83.79	QR5	0.7	119	1800	214 200	77.11
	Ⅱ-4	29.73	TR4	0.8	37	5 716.8	211 521.6	76.15
							629 194	226.51
坝子-鸭旺口地热田（Ⅲ）	Ⅲ-1	21.68		0.9	24	15 427.47	370 259.3	133.29
	Ⅲ-2	45.34	LR3	0.9	50	15 427.47	771 373.5	277.69
	Ⅲ-3	44.70	LR11	1	44	1200	52 800	19.01
							1 194 433	430.00
基岩裂隙热储（Ⅳ）	Ⅳ-1	113.50	HR1	3.8	29	960	27 840	10.02
	Ⅳ-2	54.37		3.8	14	960	13 440	4.84
	小计						41 280	14.86
合计							1 915 706	689.65

其中，研究区内碳酸盐岩类岩溶裂隙热储可采量为 $187.44×10^4 m^3/d$（$6.84×10^8 m^3/a$）；侵入岩类基岩裂隙热储可采量为 $4.13×10^4 m^3/d$（$0.15×10^8 m^3/a$）。

2. 地热田产能

求取研究区地热田产能之和为：$W_t = 2 509.06$ MW。其中碳酸盐岩类岩溶裂隙热储地热田产能为 2 472.80 MW；侵入岩类基岩裂隙热储地热田产能为 36.26 MW（表 4-12）。

表 4-12　工作区内各类热储区可采量计算结果一览表

分区		可采量 Q/(L/s)	地热流体温度 T/℃	当地年平均气温 T_0/℃	热功率 W_t/kW
西部地热田（Ⅰ）	Ⅰ-1	205.79	35		18 524.17
	Ⅰ-2	382.18	30		26 401.55
	小计				44 925.72
黄河北地热田（Ⅱ）	Ⅱ-1	1 235.00	55	13.5	214 583.97
	Ⅱ-2	1 120.00	50		171 156.38
	Ⅱ-3	2 479.17	40		275 064.04
	Ⅱ-4	2 448.17	30		169 124.74
	小计				829 929.13

续表 4-12

分区		可采量 Q/(L/s)	地热流体温度 T/℃	当地年平均气温 T_0/℃	热功率 W_t/kW
坝子-鸭旺口地热田（Ⅲ）	Ⅲ-1	4 285.41	45		565 177.68
	Ⅲ-2	8 927.93	40		990 556.07
	Ⅲ-3	611.11	30	13.5	42 216.90
	小计				1 597 950.65
基岩裂隙热储（Ⅳ）	Ⅳ-1	322.22	30		22 259.82
	Ⅳ-2	155.56	35		14 002.52
	小计				36 262.34
合计					2 509 067.83

3. 地热流体年开采累计可利用的热能量

经计算，研究区地热田地热流体年开采累计可利用热能量之和为 $\sum W_t = 1\ 318.77 \times 10^8$ MJ。地热水开采一年所获得热量与之相当的节煤量为 $3\ 072.82 \times 10^4$ t（表 4-13）。

表 4-13 地热田产能计算成果表

分区		热功率 W_t/kW	全年开采日数 D/d	热效比 K	开采一年可利用的热能 $\sum W_t / \times 10^8$ MJ	相当节煤量 $M/\times 10^4$ t
西部地热田（Ⅰ）	Ⅰ-1	18 524.17	365	0.6	9.73	16.25
	Ⅰ-2	26 401.55	365	0.6	13.88	26.15
	小计				23.61	42.40
黄河北地热田（Ⅱ）	Ⅱ-1	214 584	365	0.6	112.79	262.38
	Ⅱ-2	171 156.4	365	0.6	89.96	207.87
	Ⅱ-3	275 064	365	0.6	144.57	338.31
	Ⅱ-4	169 124.7	365	0.6	88.89	205.31
	小计				436.21	1 013.87
坝子-鸭旺口地热田（Ⅲ）	Ⅲ-1	565 177.7	365	0.6	297.06	702.51
	Ⅲ-2	990 556.1	365	0.6	520.64	1 236.52
	Ⅲ-3	42 216.9	365	0.6	22.19	46.00
	小计				839.89	1 985.03
基岩裂隙热储（Ⅳ）	Ⅳ-1	22 259.82	365	0.6	11.70	20.94
	Ⅳ-2	14 002.52	365	0.6	7.36	10.58
	小计				19.06	31.52
合计					1 318.77	3 072.82

综上所述,研究内地热资源总量为 622.65×10^{16} J,折合标准煤 21.25×10^7 t。其中碳酸盐岩类岩溶裂隙热储地热资源总量为 574.02×10^{16} J,折合标准煤 19.59×10^7 t;侵入岩类基岩裂隙热储地热资源总量 48.63×10^{16} J,折合标准煤 1.66×10^7 t。研究区地热田产能为 2 509.06MW,为特大型地热田;开采一年可利用的热能 $1\,318.77\times10^8$ MJ,折合节煤量为 $3\,072.82\times10^4$ t。

第二节 矿泉水资源

随着中国经济社会的发展,人们生活水平的提高,人们对消费质量的要求越来越高。重视质量,尤其是与人们生活密切相关的饮用水质量,反映了消费者生活理念的转变。一些质量高(有益元素和矿物丰富的矿泉水)、大品牌的矿泉水产品需求日趋旺盛,矿泉水资源的重要性和需求量不断提升。济南市位于单斜构造带上,发育的主要岩层有古老变质岩系、寒武纪—奥陶纪的碎屑岩和碳酸盐岩类地层以及辉长闪长岩体;单斜构造带上主要的地下水类型为裂隙水及岩溶水,富水性强、矿物质丰富的岩溶含水层为矿泉水的形成提供了物质基础和储存空间。

一、研究区矿泉水特征

(一)矿泉水类型

研究区内经过勘查评价的矿泉水点共有9处,截至目前仍处于开发利用的仅剩4处;其他水井被用于生活用水、工业用水或被填埋。另外,根据国家标准《食品安全国家标准 饮用天然矿泉水》(GB 8537—2018)规定,矿泉水要求水温≤25℃,锶含量不低于 0.4mg/L,偏硅酸含量不低于 30mg/L。按照以上要求,研究区内的原深奥矿泉水、贤文庄矿泉水和筐李庄矿泉水均不再满足矿泉水标准,但对于研究矿泉水形成机理有重要参考。

研究区内矿泉水类型较单一,以锶型为主,其次为锶-偏硅酸复合型。区内9处矿泉水井,其中锶型6处,锶-偏硅酸复合型2处,锶-偏硅酸-溶解性总固体复合型1处(图4-13,表4-14)。

区内矿泉水中锶含量多为 0.25~1.00mg/L,最高达 4.76mg/L;偏硅酸含量多为 15.00~43.40mg/L,最高达 74.75mg/L,均为锶型或锶-偏硅酸复合型,未发现单一的偏硅酸类型矿泉水。PLS、YJ 和 KS 这3个复合型矿泉水井偏硅酸含量偏高,YJ 和 KS 这2个复合型矿泉水井锶含量也偏高。

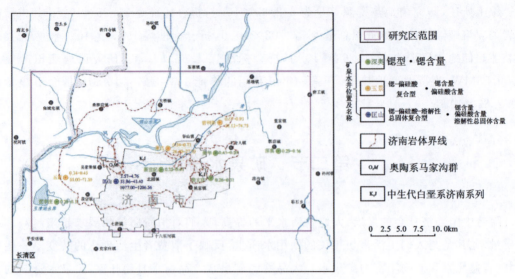

图 4-13 研究区矿泉水资源类型分布图

表 4-14 研究区矿泉水资源统计一览表

矿泉水井名称	位置	矿泉水温度/℃	锶含量/(mg/L)	偏硅酸含量/(mg/L)	含水层	矿泉水类型
XWZ	历下区姚家镇	17~18	0.26~0.31	17.07~19.13	奥陶系马家沟群白云岩和角砾状泥灰岩	锶型
KLZ	槐荫区玉清湖街道筐李庄	18	0.29~0.31	16.55~16.74	奥陶系角砾状白云质灰岩,灰岩,夹薄层状、板状泥质灰岩	锶型
SO	历城区郭店镇	16~16.5	0.29~0.36	16.97~18.655	奥陶系马家沟群灰岩	锶型
XSJ	天桥区北园路边家庄南新世纪广场内	20	0.35~0.425	16.40~17.62	大理岩	锶型
MH	历城区王舍人镇	16.5~17	0.43~0.50	19.33~19.73	大理岩	锶型
KD	历城区华山镇盖家沟新村南	15	0.54~0.73	26.40~27.70	大理岩	锶型
PLS	历城区沙河三村	19~19.5	0.87~0.93	58.12~74.75	辉长岩	锶-偏硅酸复合型
YJ	槐荫区段店镇位里庄北500m(山东省淡水渔业研究院)	25.2	0.34~0.45	55.00~71.50	辉长岩	锶-偏硅酸复合型
KS	槐荫区段店镇匡山村(水厂)	24.4	3.57~4.76	38.96~43.40	大理岩	锶-偏硅酸-溶解性总固体复合型

(二)含水层特征

研究区内矿泉水测试数据、所处的地球化学环境和地质背景显示,微量元素锶和偏硅酸的富集与含水层岩性关系密切,锶型或锶-偏硅酸复合型矿泉水含水层主要是碳酸盐岩(包括灰岩、白云岩和大理岩等),其次是燕山晚期白垩纪辉长岩(图4-14)。

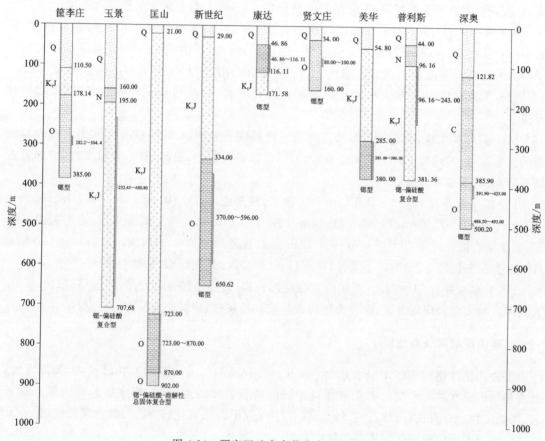

图4-14 研究区矿泉水井含水层柱状图

1. 碳酸盐岩地层

1)寒武纪—奥陶纪灰岩含水层

寒武纪和奥陶纪碳酸盐岩地层厚度大、质地纯,岩溶、裂隙发育且彼此连通,导水性强,有利于地下水的补给、径流和富集。

郭店地区 SO 矿泉水井(孔)391.90~425.00m 段为奥陶系马家沟群厚层灰岩,破碎严重且裂隙岩溶发育,岩溶溶洞中有方解石晶簇充填,溶洞直径一般为 2~4mm,最大的 4cm 左右,是主要的含水层。

XWZ 矿泉水井(孔)自 34m 至终孔为奥陶系马家沟群的中厚层状、豹皮状、角砾状灰岩和泥质白云岩等,主要含水层段为 80~100m,裂隙岩溶发育,形成了垂直和水平分布的裂隙岩溶带,导水性强,有利于地下岩溶水的径流和富集。

KLZ 矿泉水井 178.14m 至终孔 385.00m 为奥陶系马家沟群,岩性以灰岩、白云质灰岩为主,主要含水层段为 282.20～304.40m,为马家沟群土峪组角砾状白云质灰岩夹薄层状泥质灰岩,裂隙岩溶发育,导水性强。

2)大理岩含水层

区内的大理岩由寒武系—奥陶系灰岩、白云质灰岩或白云岩受辉长岩侵入的影响变质而成,在大理岩与辉长岩的接触带,岩溶裂隙较发育,是良好的矿泉水含水层。

XSJ 矿泉水井 29～334m 为燕山晚期辉长岩,自 334m 至终孔 650.62m 揭露大理岩,岩石为白—灰白色,粗晶结构,原岩为奥陶纪—寒武纪地层。其中 334～407m 为下奥陶统三山子组白云质灰岩变质的大理岩,381～397m 发育有岩溶裂隙,见有方解石溶蚀现象;407～650.62m 为寒武纪芙蓉统炒米店组变质而成的大理岩,491～493m 岩溶裂隙发育,钻探时自流。

MH 矿泉水井自 54.80～273.02m 为燕山晚期辉长岩,273.02～380.00m 为大理岩与蚀变闪长岩互层,大理岩原岩为奥陶纪灰岩,岩石呈灰—灰白色,粗晶结构,裂隙发育,局部见方解石脉充填,是主要含水层。

KD 矿泉水井自 46.86～116.11m 为大理岩,浅灰色,粗晶结构,53.71～54.21m、60.66～66.40m、70.30～73.07m、79.67～81.45m、107.03～116.11m 为主要含水层,岩溶裂隙较发育,裂隙壁有溶蚀现象,其中 53.71～54.21m 见有直径约 0.20m 的溶洞。116.11～171.58m(终孔)为深灰色辉长岩,裂隙不发育,116.11～119.62m 风化严重,呈砂粒状。

KS 矿泉水井自 21～723m 为灰—灰绿色辉长岩,局部发育裂隙,为弱含水层;723～850m 为大理岩和大理岩化灰岩等,原岩为奥陶系马家沟群灰岩,裂隙岩溶发育,是良好的含水层。

2. 燕山晚期辉长岩地层

王舍人镇沙河村地区 PLS 矿泉水井(孔)96.16～243.00m 段为苏长辉长岩,裂隙发育,是普利斯矿泉水的含水层。矿泉水井位于济南辉长岩体的边缘相,含水层岩性为苏长辉长岩,主要矿物成分有长石、辉石、云母等,其化学成分中含二氧化硅 54%,锶含量稳定(亲石元素),为地下水中锶和偏硅酸提供了物质来源。

位里庄山东省淡水渔业研究院 YJ 矿泉水井(孔)自 195m 揭露深灰—浅绿—灰绿色辉长岩,粗粒似斑状结构,主要含水层段集中在 230～430m 和 604～680m,岩石破碎、裂隙发育,是良好的含水层。主要含水层段为 232.45～232.95m、245.55～246.05m、304.18～304.88m、326.33～326.93m、413.91～420.91m、431.11～432.21m、604.00～606.08m、680.30～680.80m,含水层一般厚 0.40～2.08m 不等,最厚一层达 7.00m。

(三)水化学特征

研究区内主要有锶型、锶-偏硅酸复合型和锶-偏硅酸-溶解性总固体复合型 3 种矿泉水。锶型主要分布于研究区的中南部,赋存于寒武纪—奥陶纪灰岩、奥陶纪马家沟群灰岩和大理岩等碳酸盐岩类裂隙岩溶中;锶-偏硅酸复合型主要分布于研究区的中部,赋存于辉长岩裂隙与大理岩等变质岩的裂隙岩溶中;锶-偏硅酸-溶解性总固体复合型为 KS 矿泉水,含水层为碳酸盐岩与济南辉长岩体接触带的变质岩,岩性为大理岩,裂隙岩溶发育。

1. 锶型矿泉水

锶型矿泉水分布广泛,研究区内尤以奥陶纪马家沟群灰岩及大理岩含水层为典型,锶含量为 0.26~0.50mg/L。矿泉水 pH 值介于 7.47~7.86 之间,属中偏碱性水,溶解性总固体含量为 348.52~547.82mg/L,矿泉水水化学组分中阴离子以 HCO_3^- 为主,含量为 58.36~240.61mg/L,阳离子以 Ca^{2+} 和 Mg^{2+} 为主,其平均含量分别介于 55.66~95.30mg/L 之间和 13.36~31.83mg/L 之间;其水化学类型为 HCO_3-Ca 型和 HCO_3-Ca·Mg 型(表 4-15)。

表 4-15 研究区锶型矿泉水水质特征一览表

矿泉水名称	XWZ	KLZ	SO	XSJ	MH
水化学类型	HCO_3-Ca	HCO_3-Ca·Mg	HCO_3-Ca·Mg	HCO_3-Ca	HCO_3-Ca·Mg
pH 值	7.49~7.56	7.47~7.65	7.78~7.85	7.65~7.86	7.57~7.73
K^+	0.57~0.70	0.65~0.82	0.31~0.35	0.43~0.48	0.18~0.31
Na^+	14.30~16.40	8.89~9.36	7.41~10.205	9.14~9.98	8.02~9.51
Ca^{2+}	92.49~95.30	55.66~58.44	62.815~91.78	57.77~66.88	65.24~65.77
Mg^{2+}	14.49~17.31	13.36~14.93	23.84~26.635	23.50~31.83	24.40~26.42
HCO_3^-	239.47~240.61	220.56~225.14	70.655~74.96	66.63~70.77	58.36~61.17
SO_4^{2-}	45.08~54.48	11.02~17.60	13.44~16.02	12.58~16.62	19.72~21.15
Cl^-	45.08~50.14	10.31~11.51	8.14~10.26	11.60~12.06	10.91~12.23
NO_3^-	27.33~30.8	7.95~8.89	2.75~13.435	4.41~4.79	5.23~5.26
偏硅酸	17.07~19.13	16.55~16.74	16.97~18.655	16.40~17.62	19.33~19.73
锶	0.26~0.31	0.29~0.31	0.29~0.36	0.35~0.425	0.43~0.50
溶解性总固体	498.81~515.02	348.52~352.76	400.80~442.19	425.75~440	533.82~547.82
含水层	奥陶纪马家沟群白云岩和角砾状泥灰岩	奥陶纪角砾状白云质灰岩、灰岩	奥陶纪马家沟群灰岩	大理岩	大理岩

注:pH 值无量纲,其余各项参数单位均为 mg/L。

2. 锶-偏硅酸复合型矿泉水

研究区内锶-偏硅酸复合型矿泉水为华山镇 KD 矿泉水、王舍人镇 PLS 矿泉水和位里庄 YJ 矿泉水,3 种矿泉水虽然为同一类型,但其含水层、水化学类型以及水质特征存在较大差别,主要原因在于其含水层性质不同。

该类型矿泉水均分布在济南岩体与奥陶纪灰岩接触地带附近,锶含量多大于 0.4mg/L,

最高可达 0.93mg/L，偏硅酸含量 26.40～74.75mg/L，与锶型矿泉水相比，锶和偏硅酸含量均有升高。矿泉水 pH 值介于 7.0～8.30 之间，属中偏碱性水。溶解性总固体含量为 535～703.63mg/L，矿泉水水化学组分中阴离子以 HCO_3^-、SO_4^{2-} 为主，平均含量为 112.00～419.90mg/L 和 23.78～267.00mg/L，阳离子以 Ca^{2+} 和 Mg^{2+} 为主，其平均含量分别介于 38.74～112.40mg/L 之间和 15.60～36.84mg/L 之间；KD 矿泉水水化学类型为 HCO_3-Ca·Mg 型，PLS 矿泉水水化学类型为 SO_4·HCO_3-Ca·Mg 型水，YJ 矿泉水水化学类型为 HCO_3-Ca 型（表 4-16）。

表 4-16　研究区锶-偏硅酸复合型矿泉水水质特征一览表

矿泉水名称	KD	PLS	YJ
水化学类型	HCO_3-Ca·Mg	SO_4·HCO_3-Ca·Mg	HCO_3-Ca
pH 值	7.0～7.4	7.85～8.30	7.77～8.02
K^+	0.70～1.08	3.73～5.90	3.62～4.78
Na^+	22.00～27.08	49.50～54.45	82.15～92.40
Ca^{2+}	112.40～122.00	67.13～74.26	38.74～48.03
Mg^{2+}	25.80～28.22	35.11～36.84	15.60～18.65
HCO_3^-	329.49～419.90	136.07～185.81	112.00～134.00
SO_4^{2-}	23.78～32.18	190.97～223.35	195.11～267.00
Cl^-	67.36～74.5	59.11～64.35	39.60～46.20
NO_3^-	1.70～1.87		
偏硅酸	26.40～27.70	58.12～74.75	55.00～71.50
锶	0.54～0.73	0.87～0.93	0.34～0.45
溶解性总固体	658.99～703.63	637.42～667.34	535.00～597.00
含水层	大理岩	辉长岩	辉长岩、大理岩

注：pH 值无量纲，其余各项参数单位均为 mg/L。

3. 锶-偏硅酸-溶解性总固体复合型矿泉水

锶-偏硅酸-溶解性总固体复合型矿泉水为匡山矿泉水，锶含量为 3.57～4.76mg/L，偏硅酸含量为 38.96～43.40mg/L，溶解性总固体含量为 1 077.00～1 206.56mg/L，矿泉水 pH 值介于 7.73～8.00 之间，属弱碱性水。矿泉水中主要阴离子为 SO_4^{2-} 和 Cl^-，含量分别为 362.59～496.27mg/L 和 166.00～170.10mg/L，阳离子主要为 Ca^{2+}、Na^+ 和 Mg^{2+}，含量分别为 131.70～159.99mg/L、95.94～140.00mg/L 和 49.11～59.26mg/L；水化学类型为 SO_4·Cl-Ca·Na·Mg 型（表 4-17）。

表 4-17 研究区锶-偏硅酸-溶解性总固体复合型矿泉水水质特征一览表

矿泉水名称	KS
水化学类型	$SO_4 \cdot Cl-Ca \cdot Na \cdot Mg$
pH 值	7.73~8.00
K^+	5.33~5.68
Na^+	95.94~140.00
Ca^{2+}	131.70~159.99
Mg^{2+}	49.11~59.26
HCO_3^-	157.01~225.70
SO_4^{2-}	362.59~496.27
Cl^-	166.00~170.10
NO_3^-	0.05~0.27
偏硅酸	38.96~43.40
锶	3.57~4.76
溶解性总固体	1 077.00~1 206.56
含水层	大理岩

注:pH 值无量纲,其余各项参数单位均为 mg/L。

(四)补径排条件

研究区及周边分布有济南泉群和白泉泉群两个泉域。研究区以南大面积的寒武纪—奥陶纪灰岩分布区是大气降水渗入补给地下水的主要补给区,灰岩溶洞、溶孔、溶隙和溶蚀管道发育,为地下水的储存、运移提供了巨大的空间和良好的通道。岩溶水接受大气降水和地表水的入渗补给后,顺着地层倾向沿裂隙和岩溶通道由南向北径流,向北进入北部灰岩隐伏区后,具承压性质。在灰岩地层与火成岩岩体接触带前缘,岩溶发育成 EW 向的强径流带,受济南岩体阻水影响,在断裂构造或裂隙发育地段,可集中成泉排泄,少量地下水向深部径流承压富集,形成裂隙岩溶水的承压排泄区,或出露地表形成泉群,多数钻孔揭露形成自流(图 4-15)。

区内的已勘查发现的 9 处矿泉水点,除 XWZ 和郭店 SO 两个矿泉水点赋存于奥陶系灰岩地层中,其他矿泉水点均赋存于灰岩或大理岩与燕山晚期济南岩体接触带,该接触带附近裂隙岩溶发育或辉长岩发育有基岩裂隙,是矿泉水形成和富集的良好含水层。

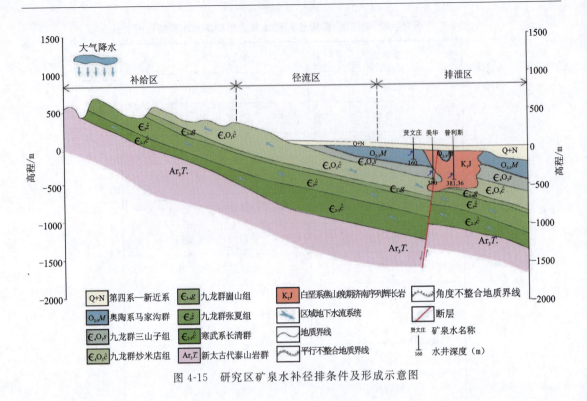

图 4-15 研究区矿泉水补径排条件及形成示意图

二、形成条件

矿泉水的形成既是一个复杂的地质、水文地质过程,也是一个复杂的物理化学过程,其形成因素与地质、水文地质条件密切相关,受众多外在因素影响和控制,包括地形地貌、地质条件、水文地质环境以及岩石化学性质等。

(一)基本条件

具有提供形成矿泉水宏量和微量组分的岩石,并具有溶滤能力和过程的水源补给是矿泉水形成的两个基本条件。岩石中的矿物成分为矿泉水提供了矿物质来源,决定了矿泉水特殊组分特征。

济南岩体中岩石由长石、石英、辉石等矿物组成,其化学成分以 SiO_2 和硅酸盐矿物为主。矿泉水中的偏硅酸一部分来源于 SiO_2 溶于水形成,另一部分来源于硅酸盐矿物经水解产生硅酸,硅酸电离形成的偏硅酸。

锶在地壳中分布广泛,且化学性质活泼,无论是氧化还原环境还是碱性环境对其溶解迁移均无较大影响。因此,决定矿泉水中锶含量的因素与化学环境无太大关系,主要决定于岩石中锶元素的含量、溶滤时间及温度等条件。

地下水对围岩的溶滤作用及围岩本身拥有的锶含量,对矿泉水中锶的形成与含量起决定性作用。矿泉水中锶的形成是含锶的硅酸盐矿物（一般锶以分散形式呈类质同象存在于钙长石和钾长石矿物中）在地下水中长时间溶滤作用的结果。矿泉水中锶含量取决于围岩中的锶含量，但溶滤作用也是其形成机制和重要影响因素。

（二）约束条件

1. 浓度约束

矿泉水是可饮用地下水的一种，可饮用地下水中有益微量元素或矿物质达到特定的界限指标时，即可命名为饮用天然矿泉水。现行国家标准《食品安全国家标准　饮用天然矿泉水》(GB 8537—2018)规定，各界限指标如表4-18所示。

表4-18　矿泉水界限指标及类型一览表

项目/(mg/L)	要求	矿泉水类型	检验方法
锂≥	0.20	锂矿泉水	《食品安全国家标准　饮用天然矿泉水检验方法》(GB 8538—2016)
锶≥	0.20(含量在0.20～0.40mg/L，水源水水温应在25℃以上)	锶矿泉水	
锌≥	0.20	锌矿泉水	
偏硅酸≥	25.0(含量在25～30mg/L，水源水水温应在25℃以上)	偏硅酸矿泉水	
硒≥	0.01	硒矿泉水	
游离二氧化碳≥	250	碳酸矿泉水	
溶解性总固体≥	1000	盐类矿泉水	

1）时间因素

矿泉水中微量元素主要通过溶滤作用形成，因此溶滤时间的长短直接决定了矿泉水特征组分含量的高低，一般在同一地点或同一径流地带上，地下水停留时间的长短随地下水循环深度的增加而增加。

2）径流路径因素

地下水与岩石溶滤作用的另一个影响因素为水力坡度。在补给径流区，水力坡度越小，径流越缓慢，路径越长，地下水与围岩的溶滤作用越充分，元素含量越高。相反，水力坡度大，径流强烈，速度快，路径短，水岩作用时间短，溶滤作用较弱，元素含量偏低。

3）温度因素

矿泉水中各元素和组分的含量与其在水中溶解度相关，而溶解度大小与温度多呈较明显的正相关关系，即温度越高、溶解度也越高。

2. 限量约束

国家标准《食品安全国家标准　饮用天然矿泉水》(GB 8537—2018)规定，特定元素和物质各不能超过限量指标，各限量指标要求如表4-19所示。

表 4-19 矿泉水限量指标一览表

	项目	指标	检验方法
限量指标	硒/(mg/L)	0.05	《食品安全国家标准 饮用天然矿泉水检验方法》(GB 8538—2016)
	锑/(mg/L)	0.05	
	铜/(mg/L)	1.0	
	钡/(mg/L)	0.7	
	总铬/(mg/L)	0.05	
	锰/(mg/L)	0.4	
	镍/(mg/L)	0.05	
	银/(mg/L)	0.05	
	溴酸盐/(mg/L)	0.01	
	硼酸盐(以 B 计)/(mg/L)	5	
	氟化物(以 F 计)/(mg/L)	1.5	
	耗氧量(以 O_2 计)/(mg/L)	3.0	
	挥发酚(以苯酚计)/(mg/L)	0.002	
	氰化物(以 CN^- 计)/(mg/L)	0.010	
	矿物油/(mg/L)	0.05	
	阴离子合成洗涤剂/(Bq/L)	0.3	
	^{226}Ra 放射性/(Bq/L)	1.1	
	总 β 放射性/(Bq/L)	1.50	

矿泉水中有些微量元素具有双面性,既有界限指标限定,又有限量指标要求。例如硒元素,界限指标要求≥0.01mg/L,而限量指标要求≤0.05mg/L,因此地下水中硒含量要在0.01~0.05mg/L 之间才满足矿泉水要求。

3. 环境约束

根据国家标准《食品安全国家标准 食品中污染物限量》(GB 2762—2017)和国家标准《食品安全国家标准 饮用天然矿泉水》(GB 8537—2018)的规定,矿泉水中污染物限量、微生物限量指标要求如表 4-20 所示。

表 4-20 矿泉水污染物限量及微生物限量指标一览表

分类	项目	指标	检验方法
污染物限量	铅/(mg/L)	<0.01	《食品安全国家标准 饮用天然矿泉水检验方法》(GB 8538—2016)
	镉/(mg/L)	<0.003	
	汞/(mg/L)	<0.001	
	砷/(mg/L)	<0.01	
	硝酸盐(以 NO_3^- 计)/(mg/L)	<45	
	亚硝酸盐(以 NO_2^- 计)/(mg/L)	<0.1	
微生物限量	大肠杆菌/(MPN/100mL)	0	
	粪链球菌/(CFU/250mL)	0	
	铜绿假单胞菌/(CFU/250mL)	0	
	产气荚膜梭菌/(CFU/50mL)	0	

1) 水文地质环境

矿泉水的形成既要有良好的补给水源和含水层,同时也要有一定的隔水层或弱透水层形成相对较封闭的环境,来阻止或减少矿泉水与浅层地表水的沟通,防止受污染或水质较差的水源污染矿泉水。

2) 补给区域环境

矿泉水的补给来源主要是大气降水入渗,因此补给区域的环境特点直接影响了地下水水质情况,应在矿泉水补给源头减少污染,保护矿泉水水源。

三、矿泉水资源开采现状

研究区南部出露地层为寒武纪—奥陶纪地层,北部被第四系和新近系所覆盖,有中生代燕山期中基性岩浆岩侵入,形成富含锶、偏硅酸、溶解性总固体的矿泉水。研究区内共有矿泉水井 9 处,处于开发利用的仅剩 4 处,生产规模为 $46.95 \times 10^4 \mathrm{m}^3/\mathrm{a}$(表 4-21)。

表 4-21 研究区开采矿泉水井开采量情况统计表

矿泉水名称	位置	用途	稳定动水位/m	单井涌水量/(m^3/d)	允许开采量/$(\times 10^4 m^3/a)$
YJ	槐荫区段店镇位里庄	矿泉水及渔业养殖	27~35	1560	15
KS	槐荫区段店镇匡山村	矿泉水开采	75~85	72	2.4
PLS	历城区王舍人镇沙河三村	矿泉水开采	3.5~5.5	360	11.3
SO	历城区郭店镇	矿泉水开采	35~45	638.30	18.25

1. YJ 矿泉水

该矿泉水自 1997 年投入使用至今,一直处于开发利用状态,主要用于淡水渔业养殖和矿泉水开发利用,水位变化受开采量影响较明显,地下水水位一般为 27~35m,水位变幅一般在 5m 左右,经过多年的观测统计,该井水质、水量和水位都较稳定,自成井至今单井涌水量为 $65m^3/h$(合 $1560m^3/d$),设计允许开采量为 $15×10^4m^3/a$,其中渔业养殖用水开采量 $14×10^4m^3/a$,矿泉水开采量 $1×10^4m^3/a$。

2. KS 矿泉水

该矿泉水井自 2005 年投入使用至今,一直作为饮用矿泉水开发利用,多年的动态观测显示水位变化受开采量影响明显,地下水水位一般为 75~85m。经过抽水试验测试,该井涌水量较小,在降深 79.10m 时,单井涌水量为 $72m^3/d$,降深 182.10m 时,单井涌水量为 $117.82m^3/d$。设计允许开采量为 $65m^3/d$(合 $2.4×10^4m^3/a$)。

3. PLS 矿泉水

该矿泉水井自 1994 年以来,一直进行矿泉水开采,地下水位一般为 3.5~5.5m,多年动态观测显示水位变化不大,水质和水量也较稳定。经过抽水试验测试,该井降深 42.86m 时,单井涌水量为 $15m^3/h$(合 $360m^3/d$)。设计允许开采量 $304.39m^3/d$(合 $11.1×10^4m^3/a$)。

4. SO 矿泉水

该矿泉水井自 1996 年以来,一直进行矿泉水开采,地下水水位为 35~45m,多年动态观测显示水位变化不大,年变幅多小于 1m,水质和水量也相对稳定。通过抽水试验测试,该井降深 10.88m 时,单井涌水量为 $26.60m^3/h$(合 $638.40m^3/d$),设计允许开采量 $500m^3/d$(合 $18.25×10^4m^3/a$)。

第三节 铁矿资源

山东省铁矿资源比较丰富,探采历史悠久,在我国沿海省区中占有重要的位置,也是环渤海铁矿区的重要组成部分。据《国语》《管子》等史料记载,早在 2600 多年前,山东就已开始了铁矿开采和冶铁业,从春秋战国至明、清朝时期,冶铁业经久不衰,1949 年以来更是得到了长足的发展。

研究区内铁矿资源开采历史悠久,远在汉唐时期,铁矿就已被我国劳动人民所发现、开采乃至冶炼。《汉书·地理志》及元、明《食货志》均有记载。汉时章邱、历城均设有"铁工"为证,且《后汉志》云:"东平陵有铁历城亦有铁",明《食货志》有"万历 24 年于济南等处开矿"等记载。

近代知名地质学家谭锡畴先生 1921 年为研究山东北部铁矿,曾来过环渤海铁矿区踏勘。1949 年以前,帝国主义在该区从事经济资源掠夺活动,利用不同方式对铁矿进行窥伺,法国人及德国人,以传教士名义,多次在济南地区进行野外秘密测绘。日本曾不惜重金设置了秘密或公开的专门机构,对区内铁矿进行过调查。门仓三能所著《北支硫磺矿、铁矿》一书,对本区亦有注意。日寇侵华时期曾在七里河、崖子锅强迫农民采掘矿石,并拟修铁路从燕翅山东面的山沟西侧,经窑头庄、仁和庄、松鼠山西达浆水泉庄,以采运矿石之用,后未果。

二十世纪五十年代之后,在回龙岭、燕子山、虎头山等地新发现多处铁矿露头,随后冶金、地矿、煤炭等系统在区内开展了大量铁矿勘查工作,并发现了郭店矿区、东风矿区、张马屯矿区等多个铁矿区,以铁矿勘查成果为基础,1958年成立了大型国有企业济南钢铁厂,为国家基础经济建设发挥了巨大的作用。

一、研究区铁矿特征

研究区内铁矿大规模勘查主要集中在20世纪50年代至20世纪80年代,目前根据矿区及矿体分布特征,划分为郭店、东风、张马屯3个大的铁矿区,其中郭店铁矿区包括东顿邱矿床、虞山矿床、东沙沟矿床和武将山矿床;东风铁矿区包括东风矿床、农场果园矿床和农科所矿床;张马屯铁矿区包括张马屯矿床、王舍人矿床、徐家庄矿床和机床四厂矿床。

(一)郭店铁矿区

1. 区域地质概述

郭店铁矿区包括东顿邱矿床、虞山矿床、东沙沟矿床和武将山矿床4个铁矿,矿区地层、构造、岩浆岩如下。

1)矿区地层

郭店铁矿区位于鲁西系最外旋回层内,基底岩系没有出露。主要发育有古生代地层,下古生界为一套滨海—浅海相沉积环境的细碎屑岩-碳酸盐岩建造,上古生界为一套海洋向陆变迁沉积环境的海陆地交互相铝铁含煤砂页岩建造和陆相含煤石英砂岩建造。地层总趋势向NNE缓倾,南部山区多出露上寒武统及中下奥陶统,中部丘陵及平原区以中奥陶统为主,东部、北部第四系以下有石炭系、二叠系,局部有白垩系青山组安山岩分布,区域地层比较简单。

2)构造

该矿区内地质构造简单,以成矿前的构造为主,它们起着控制成矿的决定性作用。燕山中期,偏基性的闪长岩侵入,使中奥陶统马家沟群灰岩拱起,形成短轴背斜,它是主要的控矿构造。经过多年的开采实践形成一种共识,矿体多富集在接触带上或其附近,接触带产状多数很复杂,有急倾斜,有缓倾斜,有的向内倾,有的向外倾,有平盖接触,还有的超覆叠加。接触带在平面上弯弯曲曲,在剖面上多次分支或凹或凸,变化无规律。笔者认为,灰岩呈半岛状、海弯状,接触较陡,灰岩向岩体凸入时易成矿,往往矿体较肥大。接触带倾角缓或直立接触时,则不易成矿,或矿体很薄,规模很小。

3）岩浆岩

矿区岩浆岩属济南辉长岩体的边缘相。矿区两个岩体，以围子山为界。以西称唐冶-邢村岩体，为一厚层岩床，出露面积 $6km^2$。以东称沙沟岩体，出露面积 $8.7km^2$，从浅部分析多称为岩盖，从深部分析称其为岩床较为合适。

本区岩浆岩有辉长岩、辉石闪长岩、角闪闪长岩、黑云母闪长岩，这些岩石是携带矿液上升的载体，也是富集成矿的母岩。

2. 矿床地质

1）成矿特征

岩浆沿着中奥陶统马家沟群灰岩层间侵入，至浅部，使上覆四段灰岩上隆，形成一弯隆状背斜，该背斜南至南西翼倾角陡，东至北东翼倾角平缓。背斜轴部灰岩由于受岩体上拱破坏，形成向四周呈放射状的张裂隙，山丘状岩体经表生风化剥蚀而消失，形成了如今沙沟岩体南部、西部至西北部半环形的低山。郭店铁矿床均分布在这个环形接触带上，奥陶系马家沟群五阳山组灰岩呈环形分布在沙沟岩体四周，把岩体与五阳山组形成的接触带称为第一接触带，把岩体与土峪组形成的接触带称为第二接触带，开采的矿体均在第一接触带浅部。第一接触带深部和第二接触带的成矿情况还有待查明，经过 6 个深度达 600 余米的钻孔验证，第二接触带确实存在，但没有找到矿体。

2）矿床地质分述

（1）东顿丘矿床。

该矿床为一隐伏的贫铁矿床，由 4 个矿体组成，编号Ⅰ～Ⅳ，彼此孤立，互不相连，垂直投影呈近方形。每个矿体由数个小矿体（亚矿体）组成，规模小，矿体分散，Ⅰ、Ⅱ号矿体分布在矿区西部，Ⅲ、Ⅳ号矿体分布在矿区东部，Ⅰ、Ⅱ号矿体与Ⅲ、Ⅳ号矿体相距180m。其中：Ⅰ、Ⅲ号矿体规模较大，Ⅱ号矿体次之，Ⅳ号矿体最小。矿体形态复杂，呈透镜状、镰刀状、似层状及分支状等。

灰白色厚层大理岩与闪长岩接触带是矿体的主要赋存部位。矿体在空间分布上严格受闪长岩类与奥陶系灰岩、大理岩地层接触带控制，顶板主要为大理岩或矽卡岩化大理岩，底板主要为矽卡岩或含铁矽卡岩、似斑状闪长岩。

Ⅰ号矿体：分布于矿区东部，由 10 个亚矿体组成，编号Ⅰ-1～Ⅰ-10。矿体走向27°、180°，倾向117°、297°，倾角40°～90°。呈镰刀状、透镜状、漏斗状及分支状产出。矿体品位较稳定，TFe含量最高56.17%，最低20.64%。

Ⅱ号矿体：位于Ⅰ号矿体北部，由 7 个亚矿体组成，编号Ⅱ-1～Ⅱ-7。矿体走向35°，倾向305°，倾角55°～70°，矿体往往上部陡、下部缓，呈楔状、透镜状产出，有分支复合现象。矿体品位较稳定，TFe含量最高52.73%，最低30.18%。

Ⅲ号矿体：位于Ⅰ号矿体的东南部，由 11 个亚矿体组成，编号Ⅲ-1～Ⅲ-11。整个Ⅲ号矿体，以Ⅲ-3、Ⅲ-4、Ⅲ-5规模稍大，矿体走向35°～215°，倾向125°，倾角40°～60°（图4-16）。矿体呈透镜状、似层状产出。矿体品位较稳定，TFe含量为25.89%～53.91%。

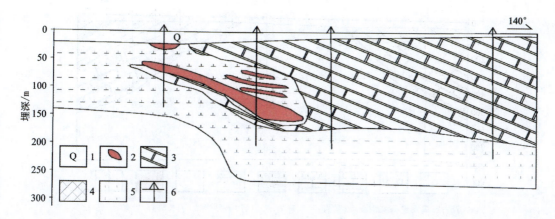

1.第四系;2.铁矿;3.大理岩;4.矽卡岩;5.闪长岩;6.钻孔

图 4-16　东顿丘矿床Ⅲ号矿体剖面示意图

Ⅳ号矿体:位于Ⅲ号矿体北部,由 5 个亚矿体组成,编号Ⅳ-1～Ⅳ-5。矿体规模小,分散,倾向 NE(图 4-17),倾角 43°～50°。矿体品位较稳定,TFe 含量为 29.77%～50.13%。

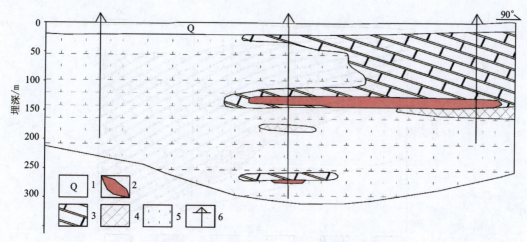

1.第四系;2.铁矿;3.大理岩;4.矽卡岩;5.闪长岩;6.钻孔

图 4-17　东顿丘矿床Ⅳ号矿体剖面示意图

(2)虞山矿床。

该矿床为一小型接触交代型矽卡岩铁矿,主要赋存在闪长岩类侵入岩和碳酸盐岩围岩的接触带中,其次为离岩体不远的外接触带和近接触带岩体的围岩残留体及捕虏体内。接触带是矿体赋存的主要空间,接触带的产出形态和范围往往控制着矿体的形态和规模,矿体一般多赋存于岩体的上部接触带,因而矿体的顶板常以大理岩为围岩,底板为侵入岩。除上述产出部位外,有些则受层间构造控制(包括层间裂隙、破碎带等),但其距离一般均不超出接触变质带的范围(图 4-18)。

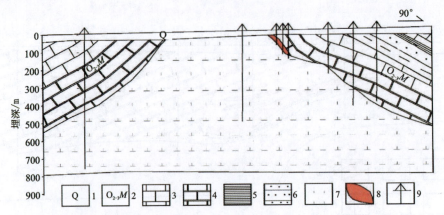

1.第四系;2.奥陶纪马家沟群;3.灰岩;4.大理岩;5.页岩;6.砂岩;7.闪长岩;8.铁矿;9.钻孔

图 4-18　虞山矿床与围岩接触关系示意图

虞山铁矿Ⅲ号矿体为一小型铁矿体,总体呈透镜状,北部矿体走向近 EW,向南转为 NNE 向,倾向 SEE,倾角北端较缓,约 25°,南端较陡,约 55°,矿体形态变化较简单(图 4-19)。矿体为厚度变化不稳定型。TFe 含量为 24.5%～59.39%。

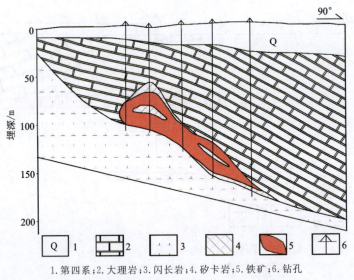

1.第四系;2.大理岩;3.闪长岩;4.矽卡岩;5.铁矿;6.钻孔

图 4-19　虞山矿床Ⅲ号矿体剖面示意图

(3)沙沟矿床。

该矿床属于贫铁矿床,矿体规模小,矿体形态不规则。灰白色厚层大理岩与闪长岩接触带是矿体的主要赋存部位。矿体在空间分布上严格受闪长岩类与奥陶系灰岩、大理岩接触带控制,局部矿体插入岩体中,围岩主要为矽卡岩或含铁矽卡岩、似斑状闪长岩(图 4-20)。矿体规模小,形态不规则,TFe 含量为 39.91%。

(4)武将山矿床。

武将山矿床分为 3 个矿段,即武将山一矿段、武将山二矿段、钓鱼台矿段。矿体规模小、分散、形态复杂。灰白色厚层大理岩与闪长岩接触带是矿体的主要赋存部位。由于钓鱼台矿

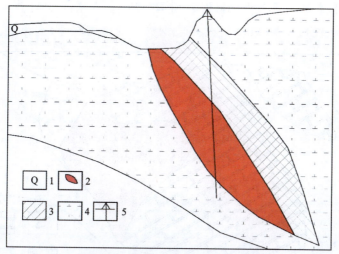

1.第四系;2.铁矿;3.矽卡岩;4.闪长岩;5.钻孔

图 4-20　东沙沟矿床矿体剖面示意图

段边采边探直至闭坑,未形成完整的地质资料,主要对武将山一矿段和二矿段矿体特征分别叙述如下。

①一矿段矿体特征。

矿体规模小,矿体受构造控制,形态、产状较复杂,沿走向、倾向变化较大。呈不规则脉状、透镜状、囊状、串珠状等(图4-21)。由Ⅰ、Ⅱ、Ⅲ、Ⅴ、Ⅵ、Ⅶ号共6个矿体组成,Ⅵ号矿体是采矿中发现的。其中Ⅰ、Ⅱ、Ⅲ、Ⅴ号矿体为主要矿体,Ⅵ、Ⅶ号矿体为次要矿体。目前该矿段已闭坑,仅有少量残留矿体。

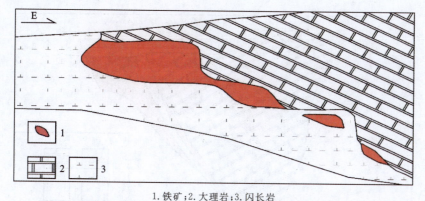

1.铁矿;2.大理岩;3.闪长岩

图 4-21　武将山一矿段矿体剖面示意图

Ⅰ号矿体:分为Ⅰ-1、Ⅰ-2和Ⅰ-3号矿体,Ⅰ-1、Ⅰ-2号矿体为主要矿体,Ⅰ-3号矿体为次要矿体。其中,Ⅰ-1号矿体(西矿体)主要产于似斑状闪长岩与大理岩接触带中,仅北段产于似斑状闪长岩内。矿体受NNW向构造和接触带构造控制,走向330°,倾向SW,倾角50°～70°,呈不规则脉状产出。南部矿体明显受"锅底型"接触带控制,呈透镜状,中部附近呈较稳定的脉状特征。矿体南部出露地表(早已开采完),呈40°倾角向NNW侧伏。Ⅰ-2号矿体(东矿体)产于似斑状闪长岩与大理岩接触带上,走向330°,倾向南西,近于直立,呈脉状产出,南端有分叉现象(图4-22)。

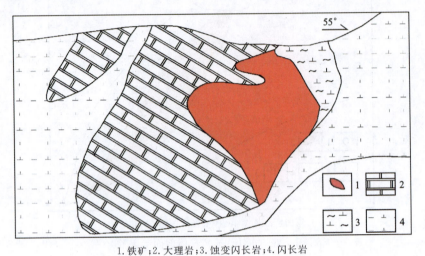

1.铁矿;2.大理岩;3.蚀变闪长岩;4.闪长岩
图4-22 武将山一矿段Ⅰ号矿体剖面示意图

Ⅱ号矿体:赋存于似斑状闪长岩与大理岩接触带上,走向30°,倾向SW,倾角40°~60°。矿体受接触带构造控制,矿体形态复杂,变化大,中部肥厚,呈囊状,南部明显变薄,呈脉状,北部变缓,呈透镜状。在北部附近,矿体明显受"锅底型"接触带控制,呈透镜状。中部附近呈较稳定的脉状。

Ⅲ号矿体:赋存于似斑状闪长岩与大理岩接触带上,受"锅底型"构造控制,呈中间膨大,两端尖灭的囊状(图4-23)。矿体走向330°,倾向SW,倾角50°,并向NNW侧伏。

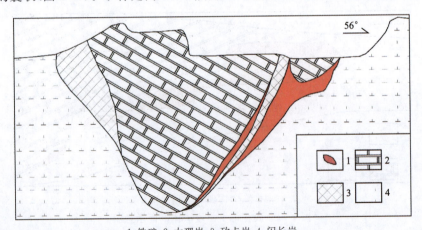

1.铁矿;2.大理岩;3.矽卡岩;4.闪长岩
图4-23 武将山一矿段Ⅲ号矿体剖面示意图

Ⅴ号矿体:赋存于闪长岩与大理岩接触带上,从构造部位看,处于沙沟侵入体开始向北倾伏的东侧。矿体走向330°,倾向NE,倾角60°。中间厚、延伸长,两端薄、延伸短,为一形态较规则的陡倾斜透镜体,并以40°左右的倾角向NNW侧伏(图4-24)。

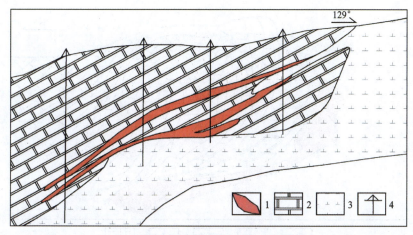

1.铁矿;2.大理岩;3.闪长岩;4.钻孔

图 4-24　武将山—矿段Ⅴ号矿体剖面示意图

②二矿段矿体特征。

该矿段共由 3 个矿体组成,编号为Ⅰ、Ⅱ、Ⅲ号矿体。矿体在空间分布上严格受闪长岩类与奥陶系灰岩、大理岩接触带控制。矿体主要赋存在外蚀变带的绿泥石化、蛇纹石化、矽卡岩化蚀变带内,呈透镜状、似层状。矿体沿走向、倾向厚度变化较大,向 NNW 缓倾斜,倾角 20°～30°左右。

Ⅰ号矿体:为主要矿体,赋存在辉石闪长岩与大理岩的接触带内,走向 84°,向 NNW 缓倾斜,倾角 25°～30°。矿体呈透镜状,中间较厚,沿走向、倾向逐渐变薄,为一隐伏的磁铁矿矿体,连续性较好,矿体品位变化较稳定,mFe 含量为 15.63%～48.29%。

Ⅱ号矿体:为次要矿体,位于Ⅰ号矿体的东端,二者相距约 180m。矿体赋存于五阳山组灰岩与闪长岩接触带上的绿泥石、蛇纹石化矽卡岩带内,呈似层状产出。矿体长 90m,走向 NEE,倾向 NNW,倾角 6°～30°。矿体沿走向由西向东逐渐变薄,沿倾向有变厚的趋势。矿体连续性较好,TFe 含量为 38.27%～57.27%。

Ⅲ号矿体:为次要矿体,位于Ⅰ号矿体北部,二者相距约 300m。从勘探剖面见矿深度分析,矿体位于Ⅰ号矿体的上部,呈似层状产出。矿体分布在绿泥石、蛇纹石化矽卡岩带内。走向 NEE,倾向 NNW,倾角 21°～26°。矿体由西向东明显变厚,因在两条勘探线上均为单孔见矿,矿体延伸不详。TFe 含量为 25.24%～58.84%。

3)围岩蚀变及其与矿体的关系

本区围岩蚀变作用较弱,赋存有工业矿体的地段呈现程度不同的围岩蚀变,一般矽卡岩比较发育(图 4-25)。本区围岩蚀变大体可以划分为 5 个带。

(1)内蚀变带。主要是辉石闪长岩或角闪闪长岩受蚀变后呈现褪色现象,角闪石消失或减少,中长石蚀变成钠长石。纤状角闪石集合体(阳起石-透闪石)具柱状矿物假象,总量 50%～60%,斜长石已钠长石化,中部土化、绢云母化强裂。含少量黑云母、绿泥石、透辉石、磁铁矿。

(2)矽卡岩化闪长岩带。变余半自形粒状,局部具花岗变晶结构,矿物分布不均匀。斜长

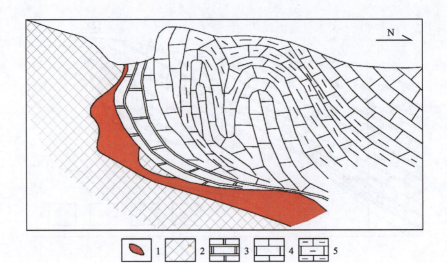

1.铁矿;2.矽卡岩;4.大理岩;4.灰岩;5.泥质灰岩

图 4-25 武将山矿坑素描示意图

石:半自形晶,有的较新鲜,有的具聚片双晶,有的已被鳞片状绢云母集合体交代。透辉石:呈自形的细小粒状颗粒。此外还有葡萄石、绿帘石、石榴子石、榍石、绿泥石绢云母。金属矿物有黄铁矿、黄铜矿。

(3)矽卡岩、矽卡岩矿物带。主要矿物成分为透辉石、石榴子石、绿帘石、阳起石、方解石等,具不等粒粒状变晶结构,晶粒一般比较粗大,块状构造,颜色较深,与灰岩围岩发生交代作用形成钙质矽卡岩、镁质矽卡岩等。

(4)磁铁矿带。主要矿物为斜长石、角闪石,含少量钾长石、磁铁矿、黑云母,一般为中细粒结构,呈块状构造。

(5)大理岩(结晶灰岩)带。主要是围岩因变质作用或重结晶作用而形成,主要矿物成分为方解石,另外还含有滑石、透闪石、透辉石等矿物,具有典型的粒状变晶结构,块状构造,具致密坚硬的特点。

4)矿石质量

(1)矿石物质组成。

郭店铁矿区矿石矿物成分主要为磁铁矿,次为黄铁矿、磁黄铁矿、赤铁矿、黄铜矿。

磁铁矿:呈自形等轴粒状、半自形粒状、散粒状分布于矿石中,被黄铁矿交代后边缘常呈不规则状,偶为黄铁矿包裹体。

磁黄铁矿:自形—半自形粒状,呈集合体和散粒状。

赤铁矿:呈薄板状、半自形—自形晶,多与磁铁矿共生。

黄铜矿:呈他形分布于黄铁矿中,偶见和磁黄铁矿共生,形成共生边界结构。

脉石矿物主要为透辉石、石榴子石、石英和方解石。

透辉石:他形—半自形柱状晶体,含量 35%,分布不均匀,局部呈集合体,柱状晶体一般长 0.1~0.5mm。

石榴子石:呈他形粒状分布于不透明矿物和透辉石晶粒间,粒度 0.1~0.5mm,肉眼可见

5～10mm 的大晶体,有异常消光现象,属于钙铝榴石。

石英:局部可见,含量 5%,呈他形分布在其他矿物粒间。

方解石:呈他形—半自形晶粒状,含量 5%,常呈方解石细脉分布在其他矿物裂隙晶粒间,宽约 0.1mm,有的分布在辉石中,为多次交代或晚期热液蚀变产物。

(2)矿石结构构造。

矿石呈黑色,半自形粒状结构、交代残余结构。显微镜下矿物呈自形—半自形粒状集合体,是本区矿石的主要结构类型。

矿石构造较简单,一般可分为致密块状、浸染状、条纹—条带状、粉末状等。

致密块状构造:这类矿石由 80% 左右的磁铁矿和少量蛇纹石、方解石、滑石、透辉石等组成。主要产于大理岩附近,方解石在矿石内往往成团块状或脉状。

浸染状构造:磁铁矿以浸染状分布在碳酸盐岩及矽卡岩中。矿石品位决定于稀疏和稠密浸染程度。黄铁矿、磁黄铁矿、黄铜矿等硫化物往往亦具这种构造,或散布在磁铁矿中。

条带状构造:由磁铁矿组成的黑色条带及脉组成的淡色条带相间构成,脉石矿物主要为透辉石或钙铁辉石、蛇纹石等。

粉末状构造:黑色,粉末主要为磁铁矿及少量黄铁矿,属于高硫矿石。

5)矿石组分及特点

根据《郭店铁矿区闭坑地质总结报告》,TFe 在矿体中的变化规律性不明显,SiO_2 与 TFe 呈负相关关系(图 4-26)。在成矿过程中发生接触渗滤交代作用和接触扩散交代作用,在两种作用下,MgO 和 CaO 的组分浓度是动态变化的。我们把 MgO 和 CaO 变成 CaO/MgO 这样一个变量关系来探讨 TFe 与 CaO、MgO 之间的规律(图 4-27),从图中可以看出,只有玉皇山、顿邱、钓鱼台、康山这 4 个矿床中 TFe 与 CaO/MgO 比值有正相关关系。另外,图 4-28 表示水平方向上的矿石中 CaO/MgO 比值与采样点离开火成岩体的距离关系,这个规律反映出在成矿过程中 CaO 和 MgO 相互渗滤、扩散的关系。

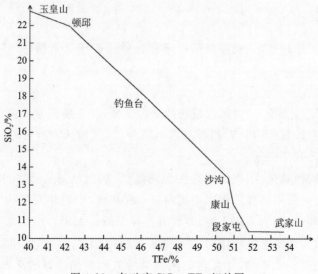

图 4-26 各矿床 SiO_2-TFe 相关图

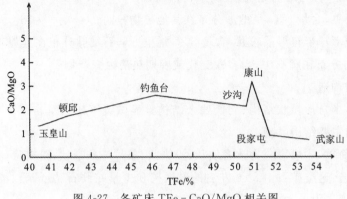

图 4-27　各矿床 TFe – CaO/MgO 相关图

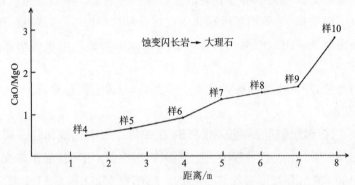

图 4-28　水平方向上矿石中 CaO/MgO 值与矿石离火成岩体距离关系图

(二)东风铁矿区

1. 区域地质概述

东风铁矿区包括东风矿床、农场果园矿床和农科所矿床3个铁矿，矿区内地层、构造、岩浆岩如下。

1)矿区地层

矿区出露的地层较为单一，以第四系松散层为主体，几乎覆盖了所有的山麓和平坦地带，除区内燕子山地段有较好的闪长岩和石灰岩出露外，其他地区没有良好的露头，区内地层由老到新依次为奥陶系和第四系。

该矿区内上奥陶统缺失，下奥陶统岩性为灰黑色、灰白色灰岩，致密中厚层，由于受侵入岩影响，大部分均受到强烈的变质作用而成白灰—深灰色、中粗粒变晶结构的大理岩，局部地区灰岩变质程度较轻，大理岩质地不纯，常含有各种杂质。大理岩产状由于侵入岩影响，层次不清晰，其产状大致为 NE 走向，倾向 133°～138°，倾角约 45°。局部大理岩的裂隙或溶洞较发育，期内充填有红色黏土质矿物，并且在矿区偶见淡黄色变晶良好的文石，呈细脉状分布，为本区的主要含水层。其上覆第四系发育，以冲洪积和残坡积的黄土、砂砾为主，平均厚度约18m。

2)构造

根据露天和矿坑开采实际情况,矿区内无较大的断裂和复杂的褶曲构造,仅存在NW向的花岗岩侵入穿插于矿体和大理岩之间,并对矿体局部有所破坏,矿区内构造条件简单。由于受到侵入岩影响,围岩遭到了不同程度的破坏,因此大理岩局部产状受闪长岩体控制而发生了变化。另外由于闪长岩体呈舌形突出或凹入围岩,对成矿有利,尤其是两侧最利于矿液的富集。

3)岩浆岩

闪长岩:深灰色全晶质半自形中粗粒结构,块状构造,岩石矿物成分主要为角闪石,其次为辉石和黑云母,长英质矿物为中性长石(部分具环带状构造及微量石英),次要矿物为磷灰石、磁铁矿、榍石、锆石,次生矿物为绢云母、高岭土、绿泥石、绿帘石等。由于岩浆的分异作用,局部地区闪长岩偏基性或酸性,表现为矿物成分中的辉石和石英含量的增多或减少,可分别定为辉长闪长岩和石英闪长岩等,闪长岩风化后呈松散砂状,与粗砂岩相似,由于第四系覆盖,其产状不明。

矿区南部的无顶茂岭山,其上部为灰岩,下部为闪长岩,根据钻孔资料,大理岩层不厚,最厚的地方为75m左右,因此可以推测大理岩为闪长岩体的包体,由于成矿因素的不同使得大理岩的上部与闪长岩体接触时没有成矿,仅产生了一些由于接触交代而生成的矽卡岩。

花岗岩:在区内矿坑及钻孔中发现淡白色夹浅红色粒状变象结构、块状构造的岩石,主要矿物为长石、石英,其次为少量的黑云母和微量的榍石、绿帘石、磷灰石、高岭土、绢云母及磁铁矿等,在斜长石的表面有绢云母风化物,而正长石表面很污浊,有高岭土。在矿坑内见其呈脉状产出,多直接穿插在闪长岩和矿体之中,走向NW,脉宽1~1.5m,使矿体受到一定程度的破坏,其生成时代应晚于矿体和闪长岩。

2. 矿床地质

1)成矿特征

奥陶纪灰岩与中生代闪长岩发生接触交代作用,形成了接触蚀变带,已经发现和勘探的矿体完全在接触蚀变带中生长。矿体的产出有两种形式:一是赋存在内接触蚀变带,即蚀变的闪长岩体内,这类矿石质量较好,以结晶完好的粗粒磁铁矿为主,含铁较富,但数量不多,同时矿体极不稳定,厚度变化也较大;另一种形成在闪长岩与灰岩接触带中,也以粒状或致密状的磁铁矿为主,区内矿体除以上两种形式产出外,尚未发现赋存于远离接触带而存在于闪长岩体或灰岩中的。但应该指出,不应片面理解为凡有接触蚀变带的地方,就一定有矿。

本矿区与其他地区的矽卡岩型铁矿床有着共同的特点,即当大理岩向侵入体凹入或凸出呈不平整的接触时,成矿条件良好,矿多质佳,而在平整的接触面上,矿体存在不多。

2)矿床地质分述

(1)东风矿床。

该矿床主要产于济南闪长岩与奥陶系马家沟群结晶灰岩、大理岩的接触带上,受构造、岩性及接触带产状的控制,接触带呈NE向展布,往下延伸情况不等,大致可分为6个矿体,编号为Ⅰ~Ⅵ号。各矿体特征分述如下。

①Ⅰ、Ⅱ号矿体。

该矿体位于十里河地段的中部规模最大的一个,厚度比较稳定,呈似层状产出。矿体走向 NE,倾向 SE,倾角为 25°~75°,一般为 30°~45°。矿层在倾斜方向上,西南端延伸短而薄,东北端延伸长而厚,同时局部有变厚的现象。

矿体顶板为白色及灰白色重结晶中粗粒的大理岩,裂隙较多,常被红色黏土所填充。大致产状与矿体产状相同,个别部位在顶板与矿体之间有一碎裂带,主要由大理岩碎块和黏土混杂而成。或有一薄层矽卡岩存在。

底板基本为蚀变闪长岩或矽卡岩化闪长岩。肉眼观察呈浅灰绿色,镜下鉴定为半自形中粒—粗粒状结构。矿物排列无规律,主要矿物成分为斜长石和辉石,副矿物为磷灰石、磁铁矿等。随着深度的增加,逐渐过渡为坚硬的原岩。个别钻孔中发现在矿层之下有一薄层矽卡岩。

②Ⅲ号东矿体。

该矿体位于十里河地段的东北端,呈舌状伸入围岩之中,呈似层状产出,走向 NE,往 SE 倾斜,倾角为 30°左右。

矿体上盘为白—灰白色重结晶的大理岩,岩层产状较为明显,基本和矿体产状一致,但倾角稍有变化,在 30°~40°之间。局部与矿层之间有一些矽卡岩存在。矿体下盘为黄绿色的矽卡岩,向下即为矽卡岩化闪长岩,逐渐过渡到坚硬的原岩。

③Ⅲ号西矿体。

该矿体位于Ⅲ号东矿体西,闪长岩呈舌状伸入大理岩的东缘,生长在蚀变围岩的外带和中带之间,呈扁豆状产出,矿体走向 NE,在靠近矽卡岩化闪长岩的部位,倾向 NW,倾角陡直,为 75°左右,但在稍远离矽卡岩化闪长岩处,倾向 NE,倾角也较平缓,约为 30°。

矿体上盘的矽卡岩厚度不大,呈扁豆体产出。矽卡岩的上伏岩层即为产状较乱而大致倾向 110°、倾角 50°的大理岩。其中常有结晶良好的文石细脉,冰糖黄色,集合体为辐状。下盘向下由矽卡岩化闪长岩逐渐过渡到坚硬的原岩。

④Ⅳ号矿体。

该矿体位于Ⅲ号西矿体的西北近旁,呈近似 EW 方向,矿体大致倾向 N,倾角 30°左右。矿体呈似层状产出,顶板为白色及灰色大理岩,底板为矽卡岩化闪长岩。矿石以磁铁矿为主,TFe 含量高达 53%,有害元素如 SiO_2、S、P 含量均低,脉石矿物为透辉石、方解石、长石等。

⑤Ⅴ号矿体。

该矿体为一走向 15°~20°的矿体,往 SE 向倾斜,为透镜状矿体,位于西南端的闪长岩中。矿体顶底板为闪长岩,为灰白色微带粉红色,镜下观察呈全晶质半自形晶,粒状结构;由中长石—更长石、角闪石组成。长石多呈半自形晶粒集合体。空隙处有角闪石、石英、磁铁矿等粒状矿物充填,形成块状构造。近矿部分为灰绿色,发育有矽卡岩化。在矿体延长的东北端有少许白色重结晶的大理岩出现。

⑥Ⅵ号矿体。

该矿体位于Ⅵ号矿体的西北近旁,为双层的盲矿体。矿体产状不甚稳定。矿体为双层叠瓦状透镜体,沿走向倾斜,倾角较陡,为50°左右。

(2)农场果园矿床。

该矿床主要产于辉长闪长岩与奥陶系马家沟群厚层灰岩接触部位的矽卡岩带内,自南向北可分为3个矿体,编号为Ⅰ~Ⅲ号,走向280°~295°,倾角10°~35°。各矿体特征描述如下。

矿体排列方向与接触构造方向一致,由南向北自北西逐渐转为北东,形成一个不甚规则的弧形弯曲。矿体与矿体之间断续相连,沿产状方向发育透镜体。透镜体之间的距离不大,均在几十米以内。透镜体之间又以薄矿层或矽卡岩带将矿体联系起来。

除北部两个小的扁豆状矿体以外,其他均为隐伏于基岩之下的盲矿体。但埋藏深度一般不大,为基岩以下几米至几十米。第四系岩层覆盖厚度7~13m。

矿体走向受接触带方向控制,而矿体的倾斜方向及倾角则多受大理岩产状控制,表现在矿体走向随接触带转弯而有变形,倾向与倾角则大体与大理岩一致。由南向北依次分为3个矿体:Ⅰ号矿体走向10°,倾向280°,倾角约10°;Ⅱ号矿体走向15°,基本倾向285°,倾角15°~30°;Ⅲ号矿体走向15°,倾向285°,倾角约10°。总的来说,矿体产状较为平缓。

矿体形状多是大小不一的扁豆体,中部膨大,向下或矿体的两端逐渐变薄,呈锲形尖灭。矿体的规模很小,最大者为Ⅰ号矿体,矿体厚度变化较大,一般较薄,矿体本身结构简单,除个别的矿体具有少数夹层以外,多数均未见有夹层。

(3)农科所矿床。

该矿床由南北两个矿体组成,呈透镜状或囊状产出,走向330°~345°,倾向30°~75°,倾角10°~40°。

农科所北矿体走向300°,倾向30°,倾角30°~60°,一般为35°~40°。农科所南矿体走向345°左右,倾向75°,倾角10°~24°(图4-29)。

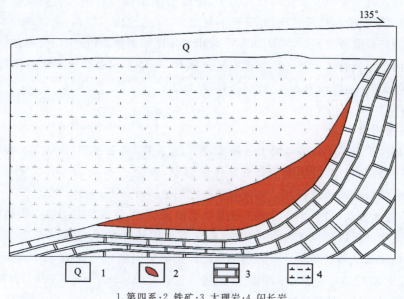

1.第四系;2.铁矿;3.大理岩;4.闪长岩

图4-29 农科所矿体剖面示意图

3)蚀变围岩及其与矿体的关系

(1)蚀变围岩的种类及分布。

闪长岩体与灰岩接触成矿过程中,含矿热液与围岩相互作用,常常在接触带上产生各种蚀变岩石,这些蚀变岩石在本区大致可划分为三带,近火成岩者为内带,近围岩(即近奥陶纪灰岩)者为外带,介于内外带两者之间即为中带。

外带:本带为围岩经受火成岩接触影响变质后的大理岩,再受其复杂的矽卡岩化作用而成。但在矿区蚀变围岩外带中,矽卡岩化大理岩一般不甚发育。矽卡岩化大理岩呈小的扁豆状,断续出露,分布不广。分布较多的为透辉石大理岩,多呈淡黄绿色,细粒结构,稍具滑感,硬度不大,主要由结晶的方解石及透辉石组成,其次为少量金云母、绿泥石,常作为矿层顶板出露,一般厚 0.5~4m。

中带:本带由各种不同的矽卡岩矿物组成,一般以灰黄绿色质地较硬的绿帘石矽卡岩、透辉石矽卡岩和矽线石、绿帘石矽卡岩为主。根据镜下鉴定,绿帘石矽卡岩为全晶质,花岗鳞片变晶结构,矿物成分有长石、绿帘石、黝帘石、石榴子石、透辉石、方解石、锆石等,但以鳞片状的绿帘石成分居多,往往作为矿体底板出现,仅在十里河地段较为发育,厚 1~2m。

内带:本带为闪长岩经受成矿后期热液作用蚀变而成。其特点是蚀变岩石中常保留有原岩闪长岩体的矿物残余结构。此带在矿区普遍发育,并沿接触带分布较广,其厚度也较大,并常以矽卡岩化闪长岩为主。岩石为灰黄绿色,镜下观察多呈全晶质半自形,中粒—粗粒结构,矿物排列凌乱,常为块状构造,以斜长石、绿帘石、绿泥石类矿物为主,而磷灰石、锆石、磁铁矿少量。在内带垂直剖面方向上,其蚀变程度自上而下逐渐减弱,进而过渡到坚硬的原岩闪长岩。

(2)蚀变围岩与矿体的接触关系。

区内围岩以内带的矽卡岩化闪长岩为主,中带的绿帘石、透辉石、矽线石矽卡岩次之,前者分布较广,在接触带内部可见到,而后者不甚发育,有的地段不存在,常以扁豆状形式出露。无论是蚀变闪长岩或矽卡岩,均与矿体存在有相依并存的关系,在矽卡岩分布地区有矿,而在蚀变很重的蚀变闪长岩体分布区也可能有矿。因此,矿体不仅存在于矽卡岩中,同样也可能存在于蚀变闪长岩中,因而两者皆为找矿的良好标志。

4)矿石质量

(1)矿石物质组成。

东风铁矿区矿石矿物成分主要为磁铁矿,次为赤铁矿、磁黄铁矿、黄铜矿。磁铁矿呈聚粒状,为等轴半自形晶粒,有时则成为辉石晶体之假象,粒径 0.1~0.2mm,常见有辉石、长石、砾石及其他硅酸盐矿物残留颗粒。颗粒与颗粒之间被各种脉石矿物所充填。

赤铁矿,为次要铁矿物,主要沿磁铁矿晶体的晶面交代,往往见有边缘交代结构。

金属硫化物杂质以黄铁矿为主,它在磁铁矿石中广泛存在,但含量不定。是矿石中主要有害元素 S 的来源。黄铁矿杂质有时包括与之伴生的黄铜矿,它们在矿石中形成一个个的细粒浸染,或呈乳滴浸染体。其结晶颗粒直径从不可见到 0.2mm。除黄铁矿、黄铜矿以外,尚有极少量的 Co、Ni、Zn 等硫化物杂质。

脉石矿物主要由矽卡岩矿物如辉石类、绿帘石、绿泥石、透闪石及少量石榴子石、绿色云母等组成。以辉石类、绿帘石、绿泥石含量最高。矽卡岩以外的硅酸盐矿物有绿色角闪石、长石、黑云母等。

辉石类矿物多呈他形粒状晶体,晶面残缺不全,后期的磁铁矿、绿帘石等与之有明显的交代现象,往往见有辉石残晶或假象。

绿帘石在矿石中普遍发育,多呈等轴粒状或柱状,主要由石榴子石、辉石、长石蚀变而来,有时保留有辉石、石榴子石假象。

绿泥石分布极广,多半成小鳞片状集合体,充填在磁铁矿的矿体之间。

绿色云母不甚发育,在磁铁矿颗粒间呈聚片状分布,有时在致密块状磁铁矿中形成聚片包体,晶体可达1cm以上。

碳酸盐类矿物,主要为方解石,为矿石主要脉石矿物之一。它为原生灰岩的残留矿物,或晚期次生的方解石。原生方解石一般是细粒集合体,不均匀分布于磁铁矿石中,有时构成条带,次生方解石主要充填在磁铁矿的裂隙中。

(2)矿石结构构造。

矿石多呈自形—半自形的晶粒或散晶,互相结合的紧密程度较差,少量为交代残余结构。

矿石构造主要为致密块状、条带状及浸染状。致密块状构造者一般为富矿石,比较坚硬致密,不显层理或层纹,是本区矿石的主要构造类型。条带状者由磁铁矿所组成的黑色条带与脉石矿物所组成的淡色条带相间构成,一般品位较低,硬度稍低。浸染状者,磁铁矿晶粒散漫分布于矿石中,磁铁矿结晶一般较好,近于等粒,其矿石的品位决定于磁铁矿散粒分布的密度,岩石一般松散、硬度低,它和块状构造的矿石有着过渡的现象。

(三)张马屯铁矿区

1. 区域地质概述

张马屯铁矿区包括张马屯矿床、王舍人矿床、徐家庄矿床和机床四厂矿床4个铁矿,矿区内地层、构造、岩浆岩如下。

1)矿区地层

区内地层有古生代沉积岩、燕山期火成岩及第四系,地层走向近EW,倾向N及NNW,倾角3°～20°,基岩上多覆盖第四系。地层由老到新依次为寒武系、奥陶系、石炭系、二叠系以及第四系。

2)构造

该矿区构造比较简单,为一单斜构造,岩层走向NEE,倾向NNW,倾角较缓,约20°,由于岩浆岩侵入,岩层产状局部地段有所变化,常见岩浆岩与围岩呈互层现象,因此出现了多层矿体,矿体一般均赋存于接触带附近,产状规模除受岩浆岩和围岩因素控制外,也受到构造因素的控制。

3)岩浆岩

矿区的岩浆岩主要为燕山期,辉长岩体东端南侧边缘部分的闪长岩是本区主要成矿母岩,一般可分为4种。

二辉闪长岩：深灰色，细粒，主要组成矿物为斜长石，其次为紫苏辉石、普通角闪石等。

辉石闪长岩：深灰色，中粗粒，主要组成矿物为斜长石、单斜辉石，其次为黑云母等。

角闪闪长岩：灰—灰黑色，细—中粒，主要组成矿物为中性长石、普通角闪石，其次为黑云母等。

石英闪长岩：灰色，中—粗粒，主要组成矿物为斜长石、普通角闪石，其次为黑云母、石英（含量8%～10%）等。

2. 矿床地质

1）成矿特征

矿体与岩性、构造、火成岩的关系密切。矿区主要岩石为辉长岩及闪长岩，属偏基性岩体，又沉积有大量奥陶系马家沟群厚层灰岩，由于构造变动及济南辉长岩体的大规模侵入，马家沟群灰岩在交代蚀变过程中，形成矿床及矽卡岩。矿体的厚薄和大小与灰岩被交代蚀变程度密切相关（图4-30）。

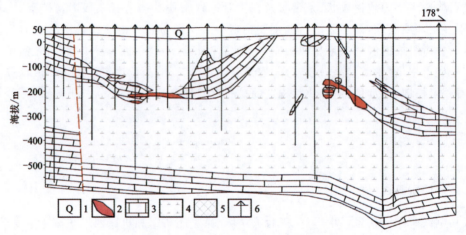

1.第四系；2.铁矿；3.灰岩；3.闪长岩；5.矽卡岩；6.钻孔

图4-30　机床四厂-张马屯-宿张马地矿床剖面示意图

围岩对该矿有很大的控制作用，其主要矿体多为灰岩向火成岩体内呈舌状延伸部分，除一面与灰岩相连外，其余延伸部分全部被火成岩包围，其顶板或底板全部被交代成矿。其次是火成岩呈岩枝沿灰岩层理侵入交代灰岩成矿。

2）矿床地质分述

(1) 张马屯矿床。

矿区主要矿体为Ⅰ号和Ⅱ号矿体，矿体特征如下。

Ⅰ号矿体：矿体形态复杂，多呈扁豆状及透镜状，倾向NW，倾角平缓，为16°～40°，浅部较平缓。

Ⅱ号矿体：主要产于闪长岩与灰岩接触带内，矿体呈透镜状，走向NE，倾向NW，沿走向由西向东变薄，矿体顶部有分支现象，倾角40°～60°，上部较缓，下部较陡（图4-31）。

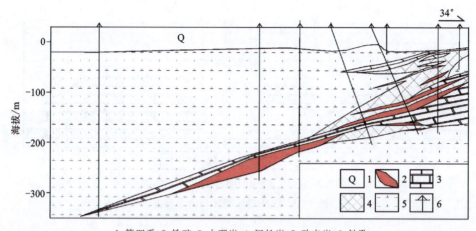

1.第四系;2.铁矿;3.大理岩;4.闪长岩;5.矽卡岩;6.钻孔

图 4-31 张马屯矿床Ⅱ号矿体剖面示意图

(2)王舍人矿床。

该矿床铁矿成因类型属于与中—基性侵入岩、浅成岩有关的接触交代型磁铁矿床,磁铁矿床的分布空间与中—基性侵入岩和奥陶系灰岩接触带紧密相关。铁矿体赋存在背斜的两翼,分为东(Ⅰ号矿体)、西(Ⅱ号矿体)两个矿体,两矿体之间有 200m 长的无矿带。东矿体(Ⅰ号矿体)为主矿体。

东矿体(Ⅰ号矿体):矿体赋存在闪长岩与灰岩的接触带上,矿体呈扁豆状,矿体总体走向 310°,倾向 NE,倾角平均 40°。矿体 TFe 含量平均为 52.01%。矿体稳定性、连续性好,厚度变化较大,矿体中间厚度大,沿走向、倾向向两边逐渐变薄。

西矿体(Ⅱ号矿体):位于Ⅰ号矿体西侧,矿体呈扁豆状,矿体总体走向 72°,倾向 NE,倾角平均 65°,矿体 TFe 含量平均为 52.61%。

(3)徐家庄矿床。

该矿床产于辉长岩与结晶基底边缘锯齿状接触带上,受构造、岩性及接触带产状的控制,走向 338°,倾向 68°,倾角 20°,按其产出特征可圈出一个矿体。

(4)机床四厂矿床。

该矿床属矽卡岩型铁矿床,由Ⅰ、Ⅱ、Ⅲ、Ⅳ号 4 个矿体组成,其中Ⅰ、Ⅱ号矿体为区内主要矿体,各矿体均为盲矿体(图 4-32)。Ⅰ、Ⅱ号矿体呈 NW-SE 向排列,Ⅲ、Ⅳ号矿体分列于主矿体的西、南侧。各矿体均赋存在大理岩与岩体的接触带中,接触带的产状对矿体的产状有明显的控制作用。Ⅰ、Ⅲ号矿体分布在下接触带,Ⅱ、Ⅳ号矿体分布在上接触带。Ⅰ号矿体施工钻孔较多,矿体控制较完整,研究程度较高,Ⅱ、Ⅲ、Ⅳ号矿体仅为个别钻孔控制,矿体的形态及产状等研究程度较差。

Ⅰ号矿体:沿 NW-SE 方向延长,局部有向 NE 折转现象,形成不规则的弧形弯曲,整个矿体与大理岩层舌状体尖灭端边缘弯曲变化相互对应,矿体倾向 NE,倾角 9°~12°。向东南稍有侧伏现象。矿体沿走向两端厚度较大,局部多层分叉,中间部位厚度较小,在倾斜方向上,中间较膨大,向上有分叉尖灭,显示有多层矿体存在,向下则多层分叉逐渐"合二为一",显示为一个矿体。沿走向两端尖灭较急速。总体说来,整个矿体的形态为一个沿走向连续性较

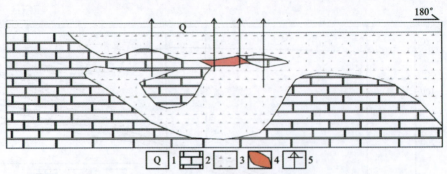

1.第四系；2.大理岩；3.闪长岩；4.铁矿；5.钻孔

图 4-32　机床四厂矿床剖面示意图

好、沿倾斜方向延深不大，厚度较稳定，倾角不大，平缓产出，周边形态不对称的似层状体。

Ⅱ号矿体：产出部位也是在围岩岩层呈舌状体插向岩体尖灭端附近，分布于Ⅰ号矿体南东延长方向上，矿体产于大理岩层的上端接触带中。矿体走向 NW，向 NE 倾斜，倾角较Ⅰ号矿体稍大，为 18°～20°。向矿体两端及延深方向，厚度逐渐变薄，呈楔形尖灭。长轴与短轴比近于 2∶1。矿体形态比较简单，产状平缓，为 NW–SE 方向延长的透镜状矿体。

Ⅲ号矿体：单孔见矿，矿体赋存在下接触带中，推测矿体规模小，应进一步追索。

Ⅳ号矿体：单孔见矿，矿体赋存在上接触带中，厚 1.87m，其下部为厚 81.84m 的大理岩，推测矿体规模很小。

3）围岩蚀变及其与矿体的关系

围岩蚀变主要为矽卡岩化，生成于灰岩与闪长岩的接触带内，只有少量出现于大理岩和闪长岩体内，呈脉状或透镜状产出。此外，矽卡岩常以夹层形式出现于矿体内。本区蚀变带可分为三带：外蚀变带、中蚀变带、内蚀变带。

外蚀变带：为奥陶纪马家沟群灰岩，受岩浆岩侵入后，经热变质作用，变质为大理岩和结晶灰岩，此带蛇纹石化发育，局部发育有少量矽卡岩化。

中蚀变带：均由矽卡岩组成，该带为矿体主要赋存带。中蚀变带的矽卡岩是主要蚀变围岩，多组成矿体的顶、底板或穿插于矿层之间。

内蚀变带：为母岩经后期的热液作用生成的一些蚀变矿物，主要为蚀变闪长岩，局部为矽卡岩化闪长岩，基本保存了母岩的结构。

内蚀变带、中蚀变带及外蚀变带均存在黄铁矿化，尤以中蚀变带黄铁矿化较强烈。黄铁矿均以星点状或细脉状产出。

4）矿石质量

(1)矿石物质组成。

张马屯铁矿区矿石矿物成分主要为磁铁矿，次为黄铁矿、微量黄铜矿、针铁矿。

磁铁矿：黑—灰黑色，细—中粒结构，块状构造，磁铁矿含量达 80% 以上，镜下为半自形粒状结构，为他形粒状或自形粒状结构，局部为海绵陨铁结构、交代结构等，粒度为 0.044～0.25mm，大者可达 1.16mm。

黄铁矿多呈半自形—他形不规则细脉状，并见有磁黄铁矿呈细小晶体分布于黄铁矿中。

赤铁矿、褐铁矿及纤铁矿含量很少，分布不普遍，多交代磁铁矿或黄铁矿，赋存于磁铁矿、黄铁矿裂隙之中，为次生氧化或后期热液作用形成。黄铜矿、白铁矿、辉铜矿、斑铜矿、铜蓝含量很少，分布不普遍。黄铜矿的赋存状态与磁铁矿相似，白铁矿呈板条状，多沿磁黄铁矿或磁铁矿边缘存在。铜蓝、斑铜矿、辉铜矿为黄铜矿的次生氧化物，多沿黄铜矿边缘交代生成，粒度为0.35～0.02mm，大者可达1.16mm。

脉石矿物以透辉石、碳酸盐为主，其次为透闪石、金云母、石榴子石、绿泥石、蛇纹石、滑石等。

透辉石为淡绿色，他形柱状，在矿石中呈放射状或团块状分布。辉石解理发育，可见被磁铁矿交代现象，形成交代辉石。碳酸盐矿物多呈不规则粒状集合体存在，充填在裂隙之中。有的为交代辉石，透闪石边缘形成其假象，呈纤维状、放射状、束状，普遍被方解石及滑石交代，晶形多不完整。金云母多呈细小片状，浅绿色，多围绕磁铁矿晶体周围分布，偶见被碳酸盐、绿泥石交代包裹，分布不均匀，有时还见金云母交代透闪石及辉石现象。石榴子石分布不普遍，呈细小粒状，淡玫瑰色，均质体，有被碳酸盐交代的现象。其他几种脉石矿物含量很少，多交代上述矿物沿其边缘裂隙存在。

(2)矿石结构构造。

矿石的结构多为半自形—他形粒状结构，或交代残余结构。磁铁矿的矿物颗粒为0.05～0.5mm，一般在0.3mm左右，按矿石矿物颗粒大小划分，大部分矿石为粗粒矿石。黄铁矿粒径大于磁铁矿，一般为0.4～2mm。

矿石构造分为块状、浸染状、条带状和粉末状，其中以块状和浸染状构造为主。

块状构造：富矿石一般均具有此种构造的特点，致密坚硬，不显层理或层纹，矿石的矿物成分简单，一般由磁铁矿组成，黄铁矿含量较高，多呈不规则脉状或集合体存在矿石之中，其他组分矿物含量比较微少。

浸染状构造：矿石的品位决定于磁铁矿晶粒散布的密度，一般较疏松，硬度较低，多分布在沿矿体倾斜尖灭部位，或矿体近岩体的一侧地段。

条带状构造：矿石由磁铁矿组成的黑色条带及脉石矿物的淡色条带相间构成，条带宽度一般不超过1cm，条带产状与大理岩层理产状一致，延续性一般不大，有时与浸染状矿石组合在一起，矿石属中等品位，较疏松，硬度不大。

粉末状构造：仅在局部可见，与块状矿石伴生在一起，黑色疏松、粉末状，组成矿物为磁铁矿及少量黄铁矿，属于高硫高炉富矿。

二、形成条件

研究区内铁矿均为接触交代矿床，以研究区内张马屯铁矿为例，对铁矿形成条件进行分析，研究区内铁矿床形成具备以下要素。

1. 地质环境条件

岩石类型：为中—基性辉石闪长岩、角闪闪长岩与奥陶纪灰岩组合；岩石结构：侵入岩以中—粗粒结构为主,其次为中—细粒结构,灰岩为细晶—隐晶质结构;成矿时代:辉石闪长岩、角闪闪长岩为主要成矿母岩,形成时代为 130.8Ma(锆石 LA-ICP-MS U-Pb 定年),属燕山晚期;成矿环境:奥陶纪马家沟群厚层纯灰岩为围岩,燕山晚期中基性侵入岩与之接触,形成矽卡岩型铁矿;构造背景:鲁西陆缘岩浆弧(Ⅲ)莱芜同碰撞岩浆杂岩(Ⅳ)济南同碰撞花岗岩组合(Ⅴ)。

2. 矿床特征

矿物组合:金属矿物主要为磁铁矿,次为黄铁矿,微量黄铜矿、辉铜矿;非金属矿物主要为透辉石、透闪石、蛇纹石、绿泥石、碳酸盐矿物等;结构构造:半自形粒状结构,块状构造;蚀变作用:大理岩化、蛇纹石化、矽卡岩化、透辉石化、绿泥石化、方柱石化;控矿构造:马家沟群灰岩与中基性侵入岩接触带构造。

3. 地球物理特征

磁异常特征:磁铁矿床引起的异常曲线圆滑,形态规整,异常强度 800~60 000nT,异常走向不一,依接触带产状而定,岩体引起的异常范围较大,形态不规则。

三、铁矿资源及潜力

1. 研究区铁矿开发现状及工业指标

研究区内共有铁矿矿区 12 个,主要分布在历城区,其中历城区 11 个,历下区 1 个;大小矿体共计 54 个。铁矿资源量已动用的铁矿矿区 9 个,占铁矿矿区总数的 75%,其中铁矿资源全部动用的矿区有 3 个,占研究区内铁矿矿区总数的 25%。

资源储量估算工业指标:边界品位 TFe≥20%;工业品位 TFe≥25%;最小可采厚度≥1m;夹石剔除厚度≥1m。

2. 研究区铁矿资源量估算方法及参数

采用几何图形法估算研究区铁矿资源量,根据矿体产状和形态具体采用地质块段法、垂直剖面法、平行断面法,遗留矿山采用以往数据统计法进行估算。

面积:利用矿体在水平断面投影的,在水平断面图上利用 MapGIS 软件直接测定矿体各块段水平断面面积;利用垂直剖面的,在勘探线垂直剖面图上利用 MapGIS 软件直接测定矿体各块段两侧剖面面积。

体积:各块段体积之和,即为矿体体积。

小体积质量(体重)及勘探线间距:采用以往勘查成果中采用的小体积质量值和勘探线间距。

品位:单工程平均品位用单工程中圈入矿体的样长与其品位加权值。剖面、断面平均品位用剖面、断面内各单工程平均品位与矿体厚度加权值。块段平均品位用同一块段两个断面上矿体面积与其品位加权值。矿体平均品位用矿体各块段矿石量与其品位加权值。矿床平均品位用各矿体矿石量与其平均品位加权值。

3. 研究区铁矿资源潜力

经计算,研究区内累计查明铁矿资源量 5900×10^4 t,累计动用铁矿资源量 1800×10^4 t,保有(残留)铁矿资源量 4100×10^4 t。整体来看,研究区内保有(残留)资源量占探明资源量的 69.5%,累计动用不足 1/3。

第四节 其他矿产资源

一、饰面用辉长岩

辉长岩作为饰面用石材开采时间较早,在花岗石材中占有非常重要的地位。黑色花岗石多由这类岩石组成,其中不乏名贵稀有品种,如研究区内的"济南青"、内蒙古的"丰镇黑"、河北的"阜平黑"、山西的"太白青"、浙江的"竹潭绿"等。"济南青"是山东省著名的饰面用辉长岩,也是山东济南独有的一种石材,产于济南历城区华山镇,有高精度、高硬度、高耐磨的特点,是亚洲制作大理石平台最好的原材料之一。

"济南青"为基性岩类的深成侵入岩,呈灰色、灰黑色、暗绿色。主要矿物成分有辉石和基性斜长石,二者含量近于相等;次要矿物有角闪石、橄榄石;副矿物有磁铁矿、钛铁矿等。具有中—粗粒半自形等粒结构(又称辉长结构,即辉石和斜长石均呈半自形、他形粒状,是两者同时从岩浆中析出的结果),块状结构,也常见条带结构。常呈岩盘、岩床、岩墙等侵入体产出。

"济南青"主要产于济南历城区华山镇的卧牛山和驴山。从 20 世纪 50 年代起,这两座山就逐渐变成了一个大矿,周边出现不少"济南青"开采加工厂。20 世纪 80 年代中期"济南青"开采进入鼎盛时期,总共有数百家开采加工"济南青"的工厂。21 世纪初,卧牛山被列入禁采范围,之后当地开展集中关停专项整治,采石矿坑恢复治理,现已划入济南华山省级地质公园加以保护。

二、钴矿

钴是一种高熔点和稳定性良好的磁性硬金属。具永磁性和耐高温性。它是制造耐热合金、硬质合金、防腐合金、磁性合金和各种钴盐的重要原料,广泛用于航空、航天、电器、机械制造、化学和陶瓷工业。因此,它是一种重要的战略物资。

研究区内钴矿均伴生于接触交代型铁矿(含钴磁铁矿),不单独成矿,可作为铁矿开发利用中的副产品综合回收。研究区内已探明钴矿产地的有张马屯、农科所和机床四厂3个矿区,累计查明矿石量 $3960×10^4t$,金属量7900t,平均品位为 $0.020\%\sim0.039\%$。

三、硫矿

自然界中含硫矿物分布非常广泛,种类也很多,以单质硫和化合态硫两种形式出现,硫矿是一种基本化工原料。在自然界,硫是分布广泛、亲和力非常强的非金属元素,它以自然硫、硫化氢、金属硫化物及硫酸盐等多种形式存在,并形成各类硫矿床。

硫为接触交代型铁矿中的有害组分,张马屯矿区S含量为 $1.50\%\sim4.50\%$,个别可达 5% 以上,矿区对硫进行了综合利用,该矿区累计查明硫矿石量 $2\,802.6×10^4t$,纯硫量 $67×10^4t$,平均品位为 2.4%。

第五章 成矿机理研究

第一节 地热成矿机理

一、形成条件

(一) 热储和盖层

1. 热储

研究区内热储主要为碳酸盐岩类裂隙岩溶型热储和侵入岩类基岩裂隙型热储两种类型。

碳酸盐岩裂隙岩溶型热储呈层状兼带状展布，地层岩性主要为奥陶系灰岩、白云质灰岩，夹泥灰岩、大理岩等，在地质构造及地下水的运移、溶蚀作用下形成大量构造裂隙和岩溶裂隙，为地下热水提供了良好的储存空间。热储层整体呈向N倾的单斜产出，整体由南向北埋深逐渐增加，研究区内最大埋深大于1500m。受区内构造影响，在断裂带、断裂影响带岩溶裂隙发育，在断裂影响带揭露碳酸盐岩热储的地热井涌水量一般大于2000m^3/d，远离断裂影响带的地热井涌水量一般为1000~1500m^3/d。碳酸盐岩热储层内发育有大溶洞，同时局部存在溶洞及岩溶裂隙被侵入岩穿插侵入现象，在西部地热田和黄河北地热田，岩溶裂隙较发育，局部发育有大溶洞，为地热水的良好储存空间，而在坝子-鸭旺口地热田及其东南部，侵入岩辉长岩沿软弱层理或溶洞及岩溶裂隙呈多层侵入到碳酸盐岩中，鸭旺口地区地热井揭露多层侵入岩，随着岩浆的侵入，岩溶裂隙和溶洞被充填破坏，使具有较好热储潜力的碳酸盐岩地层成为了阻水地段，形成了坝子-鸭旺口地热田东南部热水与白泉流域冷水的隔离带，阻挡了济南岩体东侧冷水向北径流的通道，迫使冷水向深部运移，对坝子-鸭旺口地热田起到了更好的保护作用。

侵入岩类基岩裂隙型热储一般呈带状，热储层岩性以辉长岩为主，在地质构造活动、风化和岩浆冷凝作用下，岩体形成了许多裂隙。构造裂隙一般沿构造带呈带状发育，因其上缺少有效盖层,热储埋藏深度相对较大。风化裂隙主要分布于侵入岩体上部,在风化作用下形成的基岩裂隙,后期被第四系和新近系覆盖,由于其盖层薄、埋藏浅,不具备地热储层形成条件。冷凝裂隙主要发育在岩体下侧,与碳酸盐岩(大理岩)接触,该裂隙水温度主要受补给水(浅部裂隙水和南部碳酸盐岩岩溶裂隙水)温度影响,在一定深度下可形成地热储层。构造裂隙热储一般要好于冷凝裂隙热储。

2. 盖层

盖层在地热田中起保温、隔热作用。研究区内热储盖层发育厚度变化较大,最薄仅有200余米,最厚超过1500m,热储盖层除厚度变化较大外,在不同地段岩性组合也不尽相同。

碳酸盐岩热储盖层:主要为第四系、侏罗系、三叠系、二叠系、石炭系,大致可以分为碳酸盐岩同期盖层和后期形成盖层两大类。

碳酸盐岩热储后期形成盖层是指碳酸盐岩成岩后与其连续沉积的地层被抬升剥蚀,碳酸盐岩直接被新生界所覆盖,该类盖层为第四系,即第四系直接覆盖于碳酸盐岩热储之上,成为其唯一、直接盖层,该类盖层主要分布于济南岩体的西侧、北侧碳酸盐岩"灰岩条带"分布区内,盖层由黏土、砂、粉砂等组成。

碳酸盐岩热储同期盖层指碳酸盐岩沉积后连续沉积地层作为盖层一同保留,并有石炭系+第四系、石炭系+二叠系+第四系、石炭系+二叠系+三叠系+第四系、石炭系+二叠系+三叠系+侏罗系+第四系4种组合,其分布范围自后期形成盖层向西、向北分布,其中石炭系+二叠系+三叠系+侏罗系+第四系盖层组合分布面积最小,主要分布于研究区的西北角和东北角,其发育厚度最大,最厚超过1500m。

不同岩石热导率和热扩散率存在显著差异,灰岩热导率一般为2.01W/(m·℃),热扩散率为$0.070m^2/d$,具有较好的导热和散热能力,而石英砂岩热导率和热扩散率为0.59W/(m·℃)和$0.029m^2/d$,黏土、砂质黏土为0.092~0.11W/(m·℃)和$0.032\sim0.042m^2/d$。因此,石英砂岩、黏土、砂质黏土等低热导率和热扩散率的地层是地热的良好保温盖层。

侵入岩类基岩裂隙热储盖层:主要为发育较薄的第四系和侵入岩上部岩体,岩性为黏土、砂等松散物和以辉长岩为主的侵入岩体,第四系厚度一般小于100m,局部侵入岩体直接出露,盖层总厚度一般大于700m。辉长岩热导率和热扩散率一般为2.70W/(m·℃)和$0.110m^2/d$,具有较好的导热散热能力,其作为热储盖层保温能力相对较差。

(二)水、热通道

区内地质构造在岩层中形成了一系列不同方向、不同类型的断裂带和破碎带,开启性断裂、岩溶发育带为地下水的运移提供了良好的通道。

地质构造为地热水创造导水和储存空间的同时,也沟通了深部热源,使地下水沿构造运移过程中,通过对流、传导等方式将地下水加热形成地热资源。因此地质构造具有沟通水源通道和热源通道的双重作用。

(三) 热源、水源

研究区盖层平均地温梯度值为 3.5℃/100m,在研究区内济南岩体北侧"灰岩条带"处地温梯度大于 4℃/100m,局部的热异常除由于岩石热性质不均一引起的热流向上传导过程中发生再分配外,还可能是因为岩浆岩体的侵入带来的附加热源。

研究区碳酸盐岩热储地热水的水源主要来自晚更新世温度较低的古大气降水的入渗补给,补给区位于济南南部灰岩出露区和第四系浅埋区,由降水直接补给或第四系越流补给。济南岩体与碳酸盐岩直接接触,基岩裂隙水与岩溶裂隙水之间存在较强水力联系,基岩裂隙水没有单独的水源补充,基岩裂隙热储水也是由岩溶水间接补给。

(四) 矿物质来源

济南岩体以辉长岩为主,其中无影山单元以中粒含苏橄榄辉长岩为主,药山单元以中粒苏长辉长岩为主,金牛山单元以中细粒辉长岩为主,燕翅山单元以细粒辉长岩为主,马鞍山单元以辉石二长岩为主。岩石中 SiO_2 含量超过 50%,此外还含有 MgO、CaO、Na_2O、K_2O 等多种矿物质;对人体有益的锂、锌、锶、钡、氟等微量元素,其中锂含量$(3.53\sim15.9)\times10^{-6}$,锌含量$(23.83\sim111.4)\times10^{-6}$,锶含量$(293\sim755)\times10^{-6}$,钡含量$(315\sim1280)\times10^{-6}$,氟含量$(45.8\sim236)\times10^{-6}$,详见表 5-1。

表 5-1 济南岩体各单元部分岩石化学成分及微量元素含量表

单元	SiO_2	MgO	CaO	Na_2O	K_2O	Li	Zn	Sr	Ba	F
	%					$\times10^{-6}$				
无影山	46.8~50.05	10.3~15.5	9.28~11.14	1.05~2.41	0.23~0.62	5.90~8.77	71~111.4	293~634	170~339	223~236
药山	50.44~51.78	7.36~11.767	8.45~10.9	2.36~2.97	0.40~0.97	10.97~11.75	71.93~77.47	451~755	325~513	—
金牛山	52.07~52.88	6.31~10.37	7.26~10.66	2.14~4.26	0.39~1.68	5.72~15.81	91.55~95.38	400~623	315~875	45.8~73.1
燕翅山	51.45~53.76	8.20~10.76	7.61~11.48	2.09~3.43	0.70~1.23	9.80~15.9	56~85.01	491~635	390~568	—
马鞍山	62.17~65.54	0.65~0.93	2.73~4.83	6.84~9.72	0.55~3.33	3.53~6.31	23.83~40.14	367~378	1039~1280	62.0~62.2

地下水在地下运移过程中,岩体中元素和矿物质溶解或进行化学反应,缓慢进入地下水

中,因研究区地下水类型以岩溶裂隙水为主,分析钙、镁和碳酸根等离子意义不大,因此以钠和锶为例叙述如下。

1. 钠

在岩体南侧补给区,Na^+含量一般小于20mg/L,以开采碳酸盐岩含水层为主的矿泉水井(KLZ、XSJ、MH)中Na^+含量不到10mg/L,SO井Na^+含量仅10.21mg/L(图5-1)。与岩体有接触的地下水中Na^+含量显著升高,流经岩体下缘的趵突泉、黑虎泉、珍珠泉等泉水中Na^+含量均大于20mg/L,为21.61~26.68mg/L;沿济南岩体裂隙上涌的五龙潭泉水中Na^+含量最高为27.67mg/L。

在岩体西部(西部地热田)槐热5井地热水直接接受南部地下水补给,未与济南岩体接触,Na^+含量仅为15mg/L,而岩体北部(黄河北地热田)地热水补给过程中受岩体阻挡,沿岩体边缘运移,溶解岩体中矿物质和微量元素,此外西侧浅部岩溶地下水也对其进行补给,结果为向东、向北Na^+含量均呈现增高的趋势。

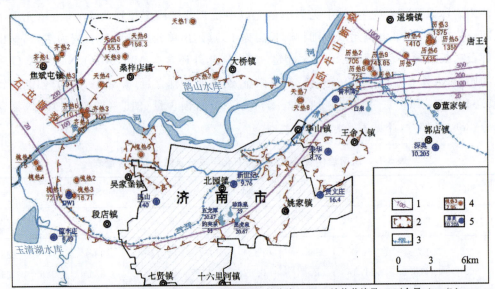

1.元素含量等值线;2.侵入岩岩体范围界限;3.奥陶系埋深等值线(m);4.地热井编号•Na^+含量(mg/L);5.矿泉水井编号•Na^+含量(mg/L)

图5-1 研究区Na^+等值线图

岩体东北(坝子-鸭旺口地热田)由于岩浆呈指状穿插于灰岩中,岩溶及岩溶裂隙被充填堵塞,南部水源补给受其影响径流极其缓慢,地热水运移距离更远,与岩体接触时间更长,其Na^+含量更高,为705~1425mg/L。

综上所述,地下水中Na^+的富集与济南辉长岩体密切相关,Na^+大部分来源于济南辉长岩体。

2. 锶

不同位置的地下(冷/热)水中锶含量变化较大,济南岩体以南和中南部出露的泉水或以开采岩溶水为主的矿泉水中锶含量一般小于0.5mg/L,而济南岩体中含水层位为基岩裂隙的

HR3、KS矿泉水井锶含量达到1.94mg/L和3.85mg/L(图5-2)。

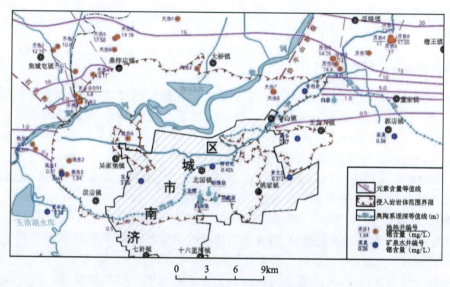

图5-2 研究区锶含量等值线图

受济南岩体阻挡深循环的地下水,被地温加热的同时,溶滤了岩体和含水层的矿物质,尤其在与岩体接触部位,溶滤更多的锶、锂等微量元素,在岩体北侧(黄河北地热田)焦斌屯—桑梓店—大桥镇一带锶含量超过10mg/L。

在岩体东北(坝子-鸭旺口地热田)桃园—鸭旺口一带,南部地下水受岩体穿插影响,径流更加缓慢,可溶解更多的微量元素和矿物质,致使在桃园一带锶含量接近15mg/L,鸭旺口地区地热钻探过程中揭穿多层岩浆岩,该地区锶含量最高,超过17mg/L。

综上所述,推断地热水中的锶主要来源于济南辉长岩体。

二、成矿机理

(一)热储水赋存空间变化

在岩浆侵入前,整个研究区地层为寒武系→奥陶系→石炭系→侏罗系次序正常沉积,岩浆岩沿寒武系—奥陶系界面上侵,侵位于奥陶系灰岩之中,挤占了奥陶系空间,使原本呈层状展布的主要热储层位奥陶纪碳酸盐岩热储的空间展布和位置发生了改变,部分被岩浆熔融消失,部分被挤压抬升、外推,原本的位置和边界均发生了变化,使原本整体N倾的碳酸盐岩,出现了岩体附近向外倾斜的现象。

受后期抬升剥蚀和第四系沉积覆盖作用,形成了现今的形态特征。奥陶系灰岩热储埋深一般为300~2500m,顶板埋深由南向北逐渐加深。地热田西部曹家圈地区,埋深一般为500~1200m,北部桑梓店地区,埋深一般为300~500m,东部坝子-鸭旺口地区埋深小于1000m。

(二)热储富水性

1. 岩体改变了热储富水性

岩体上升过程中形成岩体、岩墙或岩脉穿插于碳酸盐岩地层之中,使原本连续的碳酸盐岩层被分割,连续的岩溶通道局部被截断,改变了地下水径流方向,局部热储连通性大大降低,影响了热储层的富水性。

研究区内地热井所揭露的热储厚度一般为 200~300m,地热井单井出水量一般为 140~1500m^3/d(按抽水水位降深 5m 计)。西部地热田和黄河北地热田无岩脉穿插的地区,地热井单井用水量一般较大,地热井单井出水量为 2000~2800m^3/d;在坝子—鸭旺口地热田,多口地热井揭露穿插的岩脉,影响了热储层的富水性,使该地热田地热井单井出水量多为 1500m^3/d。受岩溶发育深度的影响,岩体阻挡地下水向深部径流,研究区北部及其以北地区,越向北地热井出水量越小,局部钻孔出现水量很小甚至无水现象。碳酸盐岩热储富水性同时受岩溶裂隙发育规律控制,岩溶裂隙网络构成了地下热水的主要赋存空间。灰岩埋藏越深,其岩溶裂隙发育程度越差。另外,岩溶裂隙发育还受地层岩性和地质构造控制,地层岩性差异常形成层间岩溶发育带,断裂构造,特别是张性或张扭性断裂未被岩浆侵位的情况下岩溶常呈垂直带状发育,越向北随着热储埋藏深度的增大,热储富水性逐渐减弱。而未被岩浆侵位的断裂构造附近,岩溶较为发育,热储富水性较强。

2. 岩体阻挡形成局部富水地段

岩浆侵位于奥陶纪灰岩后,灰岩受热变质发生大理岩化,岩浆逐渐冷凝,形成冷凝裂隙,在下游岩体阻挡下,地下水在此处形成有利富水地段。该热储主要发育在岩体下侧与碳酸盐岩接触带附近,该热储地热井涌水量一般小于 1000m^3/d,多为 500m^3/d 左右,水温一般小于 40℃。

(三)高温异常矿带

受岩体阻挡,地下水向深处径流,径流速度下降,受地温和围岩加热,温度快速提升,从岩体下部绕过,经深循环,温度较高的地热水在岩体北侧上升进入巨大的碳酸盐岩裂隙岩溶热储内储存,形成温度较高的黄河北地热田。

岩体同时减缓了南部碳酸盐岩裂隙岩溶(同层)低温水的直接冲击影响,在岩体北侧形成弧形碳酸盐岩热储浅埋高温异常矿带。如 QR3 热储埋深 256.55m,水温 36℃,QR5 热储埋深 335.00m,水温 43℃。

三、成因类型

研究区地热类型为碳酸盐岩岩溶裂隙型和侵入岩基岩裂隙型,碳酸盐岩岩溶裂隙型地热资源在研究区内分布面积广,发育厚度大,温度高,涌水量大,分析如下。

1. 地热田类型

根据地热流体的补给、径流、排泄、富集和可更新能力,将研究区内地热田划分为开放型地热田、弱开放型地热田和封闭型地热田(图5-3)。

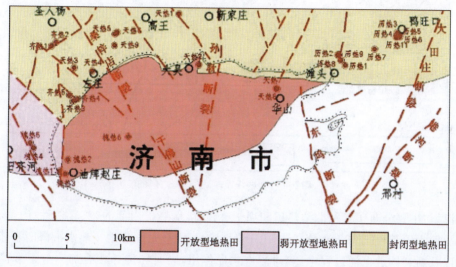

图5-3 地热流体开放程度分区图

开放型地热田:研究区地热类型为侵入岩基岩裂隙热储,热储岩石一般出露或浅埋,盖层较薄,一般小于200m。热储内地热水的补给方式有两种,一是可以通过降水直接补给,水位抬升,重力势能增加,能量差即势能差驱动地下水向势能低的下游径流,循环交替强烈;二是通过岩溶裂隙水径流补给。

弱开放型地热田:西部地热田,盖层厚度大于200m,尤其是靠近岩体附近,在地下水水位高程差引起的重力势能差驱动下,大部分地下水继续向北径流补给下游覆盖型中循环、半开放式、半承压—承压地下水流系统,为半开放式地下水流系统,在该区域形成的地热资源为弱开放式地热田。

封闭型地热田:黄河北地热田和坝子-鸭旺口地热田,有效盖层厚度大于200m,地热水流系统在更大高程的重力驱动下,一部分来自半开放地下水流系统的地下水穿过岩体或从侧面绕过岩体,沿裂隙岩溶通道继续向下游深循环径流,补给埋藏型岩溶区深循环、弱开放、承压地下水流系统,天然条件下水循环交替处于滞留状态,径流速度很慢(只有0.25m/a)。

在开采条件下,天然水循环被打破,地热自流井(热泉)成为地热水排泄通道;大规模开采时,地热水水位降低,水循环交替加强,由滞留状态转化为弱交替状态。在水头差的驱动下,济南岩体边缘"灰岩条带"地热异常区,深部地热水沿开启性断裂或岩溶发育带向浅部流动,与浅部流动系统的低温地下水混合,对流传热和传导传热相叠加,形成浅部循环型地热水。

2. 热传递类型

根据地热流体的热源及其上涌通道和热量传递模式,按热传导模式将研究区内地热田划分为对流型、对流传导型和传导型(图 5-4)。

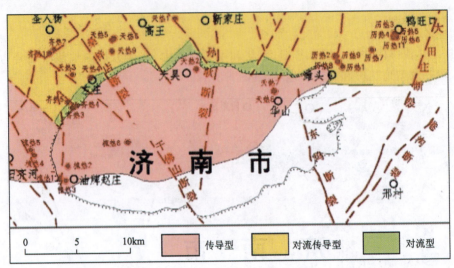

图 5-4 地热传导模式类型分区图

对流型：主要分布于黄河北地热田和坝子-鸭旺口地热田南部的"灰岩条带"内，该区域地温梯度一般大于 5.0℃/100m(最高达 11.15℃/100)，无疑是深部地下热水沿济南岩体与灰岩接触带以及断裂构造上涌过程中，热对流占主导作用，同时和传导相叠加。与正常传导增温地层分布区地温梯度(3℃/100m)相比，其超出部分 1.65～8.15℃/100m，即为深部地热水沿岩体灰岩接触带及断裂带上涌、水热对流所致，升温幅度可达 55%～271%；即对流热流是传导热流的 1.55～3.72 倍。

对流传导型：主要分布于研究区内黄河北地热田和坝子-鸭旺口地热田南部"灰岩条带"以北，盖层地温梯度 3～5℃/100m 的地温异常区，成因机制与大于 5℃/100m 的高地温梯度带相同(对流型热传导区)，只是随着奥陶纪灰岩热储层埋深的增加(由 600m 加深到 1000m)，深循环地热流体沿侵入岩与灰岩接触带和断裂构造带对流效果减弱，大地热流传导效果增强，该区域受大地热流传导的控制优势更明显。

传导型：主要分布于研究区的西北地热田，该区热储盖层地温梯度一般小于 3℃/100m，岩溶水径流强度相对较高，地下水未经深循环，不存在热水对流，地下水加热以正常热传导为主，增温效果远远低于对流传导型和对流型。

3. 热储层类型

据热储层的空间形态特征和介质类型，地热田可划分为层状、带状和层状兼带状型地热田。

研究区内碳酸盐岩裂隙岩溶热储以层间裂隙、岩溶即层状为主，局部层间裂隙岩溶与断裂或侵入岩、可溶岩接触带复合处为带状裂隙岩溶，依此确定研究区内碳酸盐岩裂隙岩溶热储层为层状兼带状型。

研究区侵入岩类基岩裂隙热储，以面上层状冷凝裂隙为主，在局部断裂带附近发育带状裂隙，总体上冷凝裂隙占主导地位，因此，研究区侵入岩类基岩裂隙热储层为层状型。

综上所述,黄河北地热田和坝子-鸭王口地热田为封闭式地热田,热储层为层状兼带状,热源及其传递和聚集特征为:在"灰岩条带"以对流带状对流聚热为主,面源传导聚热为辅;其他地区以岩溶热储面源传导聚热为主,局部带状对流聚热为辅。西部地热田为弱开放式地热田,储层为层状兼带状,岩溶热储主要为面源传导聚热。侵入岩类基岩裂隙热储为开放式地热田,基岩裂隙热储层为层状,基岩裂隙热储主要为面源传导聚热。

四、成矿模式

地下水流动模式受地形、地层岩性、地质构造及补给、排泄条件控制。根据区域地质条件、地热水水化学及同位素的研究成果进行综合分析,探讨济南岩溶水系统中岩溶热水的流动模式(图5-5)。

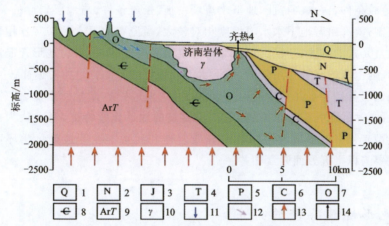

1.第四系;2.新近系;3.侏罗系;4.三叠系;5.二叠系;6.石炭系;7.奥陶系;8.寒武系;
9.泰山岩群;10.中生代侵入岩;11.大气降水;12.地下水流;13.大地热流;14.地热井

图5-5 济南地热形成概念模型图

大气降水在济南南部山区通过直接入渗或间接补给后,进入区域地下水流系统,由边缘山地向下游汇流,当运移至济南市区附近时,受岩浆岩体阻挡,一部分岩溶水被迫向地下深处径流,进入地热田后,由于通过深部径流的地下水流具有较高势能,在水头差驱动下,深部地下热水又沿开启性断裂或岩溶发育带向浅部流动,对流传热和传导传热相互叠加,形成济南北部岩溶地下热水。济南辉长岩体对北部岩溶热水的形成起到了关键作用:一方面迫使区域地下水流向地下深处径流,从而在基底热流的作用下不断被加热;另一方面阻挡了南部大量岩溶冷水向北径流进入地热田,保证了岩溶热储不会受到南部岩溶冷水的混合而降低温度。

在长时间的地下水径流过程中,大地热流通过热传导作用不断对地下水流加热,地下水缓慢的流动速度也使之具有充分的时间加热,水温因此升高。同时,径流过程中地下水与碳酸盐岩热储发生水岩反应,溶解石膏、岩盐等矿物,矿化度不断增大,SO_4^{2-}、Ca^{2+}、Cl^-、Na^+等离子组分显著增加,水化学类型演变为 SO_4-Ca 型、$SO_4-Ca \cdot Na$ 型、$SO_4 \cdot Cl-Ca \cdot Na$ 型和 $Cl \cdot SO_4-Na \cdot Ca$ 型。

岩溶热水补给区相对排泄区海拔较高，使其具有足够的重力势能驱动地下水流向地下深处循环，并通过漫长的径流途径。由地下水温度差异产生的密度差异同时作为另一种驱动力（浮力）驱动地下水流的运动，因此，岩溶热水的流动途径并非只是依据地形的对流形式。也就是说，如果忽略热源对地下水流的影响，可能会导致地下水流场刻画失真。

断裂构造对地热系统的发展演变起着重要的控制作用，在碳酸盐岩热储中断裂不仅控制着岩溶裂隙发育，而且还是地热流体重要的导水导热通道，因此在地热资源的勘探开发过程中，开启性好的区域性断裂构造附近应优先考虑。

第二节　矿泉水成矿机理

矿泉水作为地层深部循环形成的地下矿水，其形成和赋存等均受地质和水文地质条件的控制，如地形地貌条件、含水层特征、地下水流场特征、径流条件、与地层岩性的关系等。由于受地形坡度控制，南部山区地下水水力坡度相对较大，径流和地下水的交替作用较强，易于锶和偏硅酸等微量元素的溶滤、迁移。而在北部冲洪积平原地区，受平坦地形控制，水力坡度相对较小，径流和地下水的交替作用较弱，地下水锶和偏硅酸等的含量相对偏高。

分析研究区已有矿泉水井所处的地球化学环境、地质背景，微量元素锶、偏硅酸的富集与含水介质岩性的关系，研究矿泉水中锶、偏硅酸富集的地球化学特征，笔者认为锶-偏硅酸型或其他单一类型矿泉水的形成与不同含水介质岩性和元素丰度等地球化学环境密切相关。矿泉水成因主要与以下五方面因素相关。

一、与地形地貌条件的关系

锶-偏硅酸富水区的分布在一定程度上受地形地貌的控制。在簸箕掌—梯子山—九顶山一线为溶蚀-切割中山，水力坡度较大，大气降水渗入地表泰山岩群裂隙或寒武系—奥陶系灰岩岩溶裂隙后以垂直运动为主，径流速度快，岩石中的锶或二氧化硅来不及充分溶滤就随地下水向北迁移，因此形成低锶、低偏硅酸区。在张夏镇—仲宫镇—垛庄一线为溶蚀-剥蚀低山区，水力坡度仍较大，大气降水及南部径流补给地下水沿寒武纪—奥陶纪灰岩岩溶裂隙运动，运动形式以水平运动为主，垂直运动为辅，由于该区域面积较大且断裂构造发育，岩石中锶或二氧化硅溶滤作用较充分，在局部地段易形成富锶或富偏硅酸区，地下水的水面形态随地形变化，地下水的主要流向随地势从南向北逐渐降低，锶元素溶滤富集形成锶型矿泉水富水地段。在华山—王舍人镇—郭店一带，受济南岩体的阻挡，水力坡度陡降，径流和地下水的交替作用较弱，不利于锶和二氧化硅的迁移，却相应延长了辉长岩和奥陶纪灰岩、白云岩的溶滤作用时间，使地下水中锶和偏硅酸逐渐富集，形成锶-偏硅酸富水地段。

二、与水文地质条件的关系

矿泉水系统是水文循环系统的一部分,由输入、输出和水文地质实体三部分组成,包括赋存于岩石孔隙中并不断运动着的水体及相应含水岩组两部分。通过分析水文循环系统来研究矿泉水资源的形成机理。

东阿断裂、牛角店断裂、马山断裂、东坞断裂、文祖断裂和禹王山断裂等将全市分为多个相对独立的水文地质单元,形成各自独立的水文运动系统(图5-6)。不同单元的含水层特征、地下水流场、地下水径流特征均呈现出相对独立性。研究区主要分布在济南-长清岩溶水系统的济南市区子系统和白泉子系统。

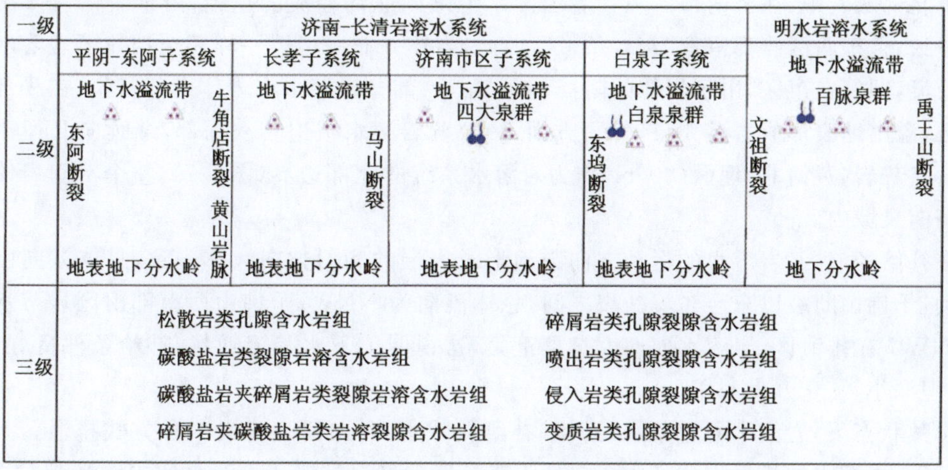

一级	济南-长清岩溶水系统				明水岩溶水系统	
	平阴-东阿子系统	长孝子系统	济南市区子系统	白泉子系统	地下水溢流带	
二级	地下水溢流带 东阿断裂	地下水溢流带 牛角店断裂 黄山岩脉	地下水溢流带 四大泉群 马山断裂	地下水溢流带 白泉群 东坞断裂	百脉泉群 文祖断裂	禹王山断裂
	地表地下分水岭	地表地下分水岭	地表地下分水岭	地表地下分水岭	地下分水岭	
三级		松散岩类孔隙含水岩组 碳酸盐岩类裂隙岩溶含水岩组 碳酸盐岩夹碎屑岩类裂隙岩溶含水岩组 碎屑岩夹碳酸盐岩类岩溶裂隙含水岩组		碎屑岩类孔隙裂隙含水岩组 喷出岩类孔隙裂隙含水岩组 侵入岩类孔隙裂隙含水岩组 变质岩类孔隙裂隙含水岩组		

图5-6 济南岩溶水系统划分示意图

(一)含水层特征

碳酸盐岩类裂隙岩溶水是锶-偏硅酸-溶解性总固体复合型或单一类型矿泉水富水地段的主要含水岩组。含水岩层由寒武纪—奥陶纪石灰岩组成,下寒武统朱砂洞组至中下奥陶统石灰岩含水层厚度大、质地纯,岩溶、裂隙发育且彼此连通,导水性强,有利于地下水的补给、径流和富集。在馒头山—张夏—仲宫一线,因灰岩直接裸露地表,岩溶发育有利于大气降水的渗漏补给和径流,地下水交替强烈,为岩溶地下水的补给、径流区,水位埋深一般为50~100m,单井出水量一般小于100m³/d。在党家镇—段店镇—王舍人镇—港沟镇一线,是岩溶水的排泄区、富集带,含水丰富,地下水具有承压性质,水位埋藏浅,有的形成自流水,单井出水量1000~5000m³/d。郭店地区SO矿泉水井(孔)391~425m为奥陶纪马家沟群厚层灰岩,破碎严重且岩溶裂隙发育,是主要的含水层。王舍人镇沙河村地区PLS矿泉水井(孔)96~158m为奥陶纪马家沟群灰岩和燕山晚期辉长岩侵入接触带,裂隙发育,构成该矿泉水的含水层。

岩溶水在补给区接受大气降水的入渗补给和地表水的渗漏补给,地下水沿裂隙和岩溶通道,垂直下渗,达到区域地下水位后沿地层倾向自南而北,在各自的流动系统内,向排泄区径流。由于区内控制性构造多为 NNW 向,地层倾向也是以 NNW 向为主,故岩溶水的主流方向也呈现 NNW 向。在排泄区,岩溶水径流受到隔水的碎屑岩和侵入岩体阻挡,径流速度变缓,并在岩体和碎屑岩接触带富集。

1. 济南泉域岩溶水子系统

济南泉域岩溶水子系统西边界为马山断裂,东边界为东坞断裂。泉域南边界为新太古代侵入岩形成的地表分水岭,实际就是北沙河、玉符河分水岭。泉域北边界历来以奥陶纪灰岩顶板在岩体中的埋深($-400 \sim -350$m)为界,东郊大致在工业北路一线,市区大致在大明湖一线,西郊在大杨庄、峨眉山、油牌赵、位里庄一线。济南岩体呈东西长、南北短的椭圆形侵入济南市北部灰岩中,在济南市区阻挡着岩溶水继续向北部径流的途径,由于岩体侵入深度各处不一致,且东西两侧都留有"灰岩条带",因此,岩体并非一堵墙一样完全挡住了岩溶水向北部的径流,即使在市区,由于岩体的阻挡,一方面,一部分岩溶水在岩体南部富集,在浅部形成富水区,溢出地表形成岩溶大泉,另一方面,一部分岩溶水被迫转入深部,继续向北径流至黄河北。将灰岩(黄河北)埋深(400m)作为岩溶水系统的北部边界(图 5-7),整个济南岩体将包含在济南泉域内。

在补给径流区,岩溶水的运动方向与地形及岩层的倾斜方向大体一致,总体方向由南向北运动,千佛山断裂以东至东坞断裂之间,总体流向为 NNW;千佛山西南部山区岩溶水总体流向 NW。在排泄区,岩溶水向四大泉群汇集,这说明地下水径流通畅,补给条件良好,富水性强,埋深小,易于开发利用。

自然状态下,岩溶水通过泉水、潜流(补给孔隙水)和向河道排泄 3 种方式排泄。人类活动条件下,岩溶水的排泄方式还主要包括人工开采矿泉水排泄。岩溶水的自然排泄方式及排泄量均受控于人工开采方式及开采量大小。

济南泉域是矿泉水点分布最多的岩溶水系统,其成因与地形、地层、地质构造和水文地质条件密切相关。济南泉域的地形南高北低,南部山区除分水岭地带为新太古代侵入岩外,以北为大面积分布的寒武纪—奥陶纪碳酸盐岩地层,由南往北至市区及东西郊区呈单斜隐伏于地下,前缘与中生代侵入岩体接触。岩溶水接受大气降水的入渗和地表水的入渗补给后,由南往北运动,在岩体接触带前沿,岩溶发育成 EW 向强径流带。地层受到千佛山断裂和文化桥断裂的切割,形成向北突出的灰岩断块,岩溶水受到西、北、东三面侵入岩体的阻挡,地下水溶滤碳酸盐岩中的锶元素和铁质白云岩中的偏硅酸并不断富集,形成锶型矿泉水或锶-偏硅酸复合型矿泉水。如匡山、玉景、筐李庄、新世纪、康达、美华、贤文庄等矿泉水点。

2. 白泉泉域岩溶水子系统

白泉泉域岩溶水子系统东边界为文祖断裂;西边界为东坞断裂;南边界为地表地下分水岭,南边界的西部为新太古代以花岗岩为主的侵入岩及变质岩,东部为寒武纪碳酸盐岩夹碎屑岩;北边界为碳酸盐岩与石炭纪煤系地层接触带,以灰岩顶板埋深($400 \sim 500$m)为界线,总面积 731.38km^2。系统东边界文祖断裂为阻水断裂,形成隔水边界;西边界东坞断裂在义和

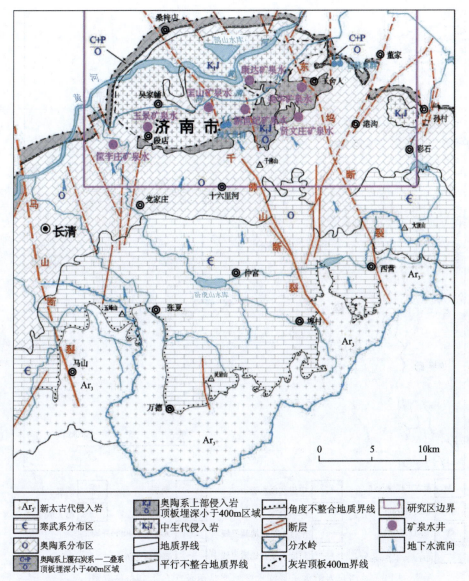

图 5-7　济南泉域岩溶水子系统水文地质略图及研究区矿泉水点分布位置图

庄以北段具有一定透水性,在自然状态下,与济南市区岩溶水子系统不发生水力联系。

系统内部地层受到港沟断裂、孙村断裂、曹范断裂等 NNW 向和 NNE 向断裂的切割,断块之间在平面上产生平推,总体来看,断层西侧地层北移,西侧地层老,东侧地层新。其结果增大了段块内奥陶纪灰岩的范围,增强了含水层的导水性和储水空间,使得奥陶纪灰岩与石炭纪—二叠纪碎屑岩的接触带拉长并呈 NW 向展布(图 5-8),这些构造因素均为矿泉水的形成和富集提供了较好的条件。

大气降水入渗和河流沿途渗漏是岩溶水的主要补给来源。南部山区灰岩裸露,沟谷和地表岩溶发育,极有利于地表水的入渗,地形切割严重,地表水、地下水流向与地层倾向基本一致,这些都是岩溶水形成径流的有利条件。

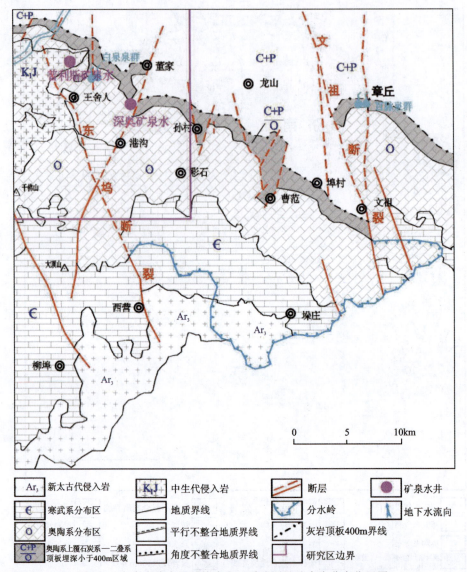

图 5-8 白泉岩溶水子系统水文地质略图及矿泉水分布位置图

岩溶水在南部山区接受补给后,沿地层倾向和地势由南向北径流,至山前排泄区,由于受到东坞断裂、济南岩体、石炭纪—二叠纪碎屑岩的阻挡,形成高水头富水区。岩溶水沿断裂破碎带或其他岩溶、裂隙通道上升溢出灰岩顶板,形成锶-偏硅酸复合型矿泉水富水地段,如普利斯矿泉水、深奥矿泉水等。

白泉岩溶水子系统是一个南高北低的单斜断块,地层倾向与地势走向基本一致,地表水流向和地下水流向也基本一致,地表、地下分水岭一致,便于岩溶水向排泄区汇集。

该岩溶水子系统北部西有济南岩体、东有石炭纪—二叠纪碎屑岩等隔水地层阻挡,岩溶水自南而北径流至此,径流速度变缓,有利于岩溶水对锶、偏硅酸等溶滤、富集和矿泉水的形成,从而形成锶-偏硅酸复合型矿泉水富水地段。

(二)地下水流场特征

自然状态下,济南地区岩溶水在南部山区得到补给,自东南向西北方向径流,在各系统的北部前缘(山前)地带受到隔水地层或岩体阻挡而富集,径流速度大大减小,等水位线变得稀疏,水力梯度减小,地下水通过人工揭露或自然排泄等方式排泄。在研究区南部地区为岩溶水补给区,大气降水入渗补给地下水,径流方式以垂直运动为主,向北逐渐变为水平运动为主。在王舍人镇—郭店—龙山街道一线为各子系统的前缘排泄地带,彼此之间的地形差异减小,地面标高相似。径流至此的岩溶水,径流速率减缓并富集,溶滤辉长岩体和奥陶纪灰岩中的锶、偏硅酸等,形成锶-偏硅酸复合型矿泉水富水地段。比如王舍人镇沙河村 PLS 矿泉水井(孔)96~158m 为奥陶纪马家沟群灰岩和燕山晚期辉长岩侵入接触带,锶含量 0.87~0.93mg/L,偏硅酸含量 58.12~74.75mg/L,为前缘排泄区锶-偏硅酸复合型矿泉水的典型代表。

(三)地下水径流特征

重力作用下地下水在自然界陆地水循环过程中的流动称为地下水径流,其影响因素包括含水层的孔隙性,地下水的埋藏条件、补给量和地形、地质构造等。在基岩地区,含水层中的水力坡度和径流方式主要取决于地质构造特征,与地面地形关系较小,如位里庄附近 YJ 矿泉水井(孔)位于辉长岩体与奥陶纪灰岩接触带附近,辉长岩体一侧,根据矿泉水井钻探资料,0~195m 为第三系、第四系砂砾岩、泥质黏土沉积,195~707m 为苏长辉长岩。这一带辉长岩中下部裂隙较为发育,除顶部风化裂隙带外,在孔深 232~430m,604~680m 之间均有裂隙发育,岩石破碎,主要受断裂构造影响控制,周围岩溶裂隙水沿裂隙带径流补给辉长岩裂隙水,构成了玉景矿泉水的主要含水层。王舍人镇沙河村普利斯矿泉水井(孔)位于东坞断裂西侧,受断层影响在辉长岩体和奥陶纪灰岩内形成了较为发育的构造裂隙,这些裂隙构成了地下水的深循环通道,促使裂隙水和邻近的岩溶水形成较好的连通,同时也加速了辉长岩体内地下水的溶滤、径流,构成了普利斯矿泉水的主要含水层。

在径流速度快、垂直运动为主的强径流区域,淋滤作用和溶解作用较强,此区域地下水水化学类型一般以 HCO_3-Ca 型为主,当地下水继续沿研究区径流方向(由南、西南往北)缓慢运移时,在径流速度慢、水平运动为主的弱径流区域,溶滤作用和溶解作用较弱,但溶滤时间和径流距离较大,水化学类型多以 HCO_3-Ca 型或 $HCO_3-Ca·Mg$ 型为主,有利于使水中溶入较多的硅酸盐,当地下水与岩石发生水岩作用后,岩石中的矿物(如长石、辉石、角闪石、方解石等)解体,锶也进入地下水。因此,在弱径流环境的地下水中偏硅酸和锶具有近似的成生条件,并且往往是偏硅酸含量高,锶含量也高。如王舍人镇 PLS 矿泉水井位于济南泉域排泄区,在南部山区大气降水入渗补给后,地下水沿奥陶纪灰岩岩层倾向通过裂隙岩溶通道及断裂构造向北西方向径流,补给含水层,受岩体阻挡和深循环条件影响,地下水径流速度较慢,从而延长了地下水溶滤作用的周期,使锶或偏硅酸等溶滤、富集,形成锶-偏硅酸复合型矿泉水。研究区内矿泉水井多分布于岩溶水排泄区的弱径流环境,说明局部较封闭,径流、排泄较缓慢的水文地质环境,是地下水中锶、偏硅酸富集的较重要条件。

三、与地下水赋存条件的关系

分析研究区锶-偏硅酸-溶解性总固体复合类型或单一类型矿泉水的化学测试数据、所处的地球化学环境、地质背景,笔者认为微量元素锶和偏硅酸的富集与含水介质岩性的关系密切,其中锶型或锶-偏硅酸复合型矿泉水形成最有利的环境是碳酸盐岩地层,其次是火成岩地层。

锶在地球中的含量不算很高,但在地壳上的分布相对广泛,特别是在含锶矿物和富含锶的辉长岩及碳酸盐岩石中,锶含量相对比较集中,是提供锶元素物质来源的主要母岩。因此,矿泉水中锶含量与岩石中锶丰度存在正相关关系,但影响矿泉水中锶富集的还有其他多个因素,有时会出现岩石中锶丰度高,而水中锶含量不高的现象。

从富含锶矿泉水的地球化学特征来看,水化学类型主要为重碳酸型,其次为重碳酸硫酸型。研究区内HCO_3-Ca型的矿泉水分布最为广泛,而锶的含量却普遍偏低,这是由于水中的钙会对锶的迁移造成影响。钙离子半径为$1.06Å(1Å=0.1nm)$,钾离子半径为$1.33Å$,锶离子半径为$1.12Å$,大小位于钙与钾之间,锶的分配既取决于它在含钙矿物中置换钙的程度,也取决于它在钾长石中钾捕获锶的程度。在地下水与周围介质作用时,锶就会伴随着钙从富钙或富钾的岩石中被释放出来,或者由于阳离子吸附交替作用,使钙与锶被解吸而从高分散颗粒表面转入水中,但当地下水中钙浓度达到饱和而发生沉淀时,锶常置换钙发生共沉淀。这样就导致一部分溶解到水中的锶又发生了沉淀,造成了HCO_3-Ca型矿泉水中锶含量普遍偏低。从总体看,研究区内重碳酸型矿泉水中锶平均含量都小于$1mg/L$。而硫酸型(包括复合型)矿泉水中锶平均含量偏高,这是水中硫酸根对锶行为的影响造成的,二者呈正相关关系。如区内匡山矿泉水水化学类型为$SO_4·Cl-Ca·Na·Mg$型,锶含量为$3.57\sim4.76mg/L$。

从表5-2中可以看出,研究区内HCO_3-Ca型和$HCO_3-Ca·Mg$型矿泉水锶含量多低于$0.50mg/L$,而$SO_4·HCO_3-Ca·Mg$型的普利斯矿泉水和$SO_4·Cl-Ca·Na·Mg$型的匡山矿泉水,其锶含量分别为$0.87\sim0.93mg/L$和$3.57\sim4.76mg/L$,明显高于重碳酸型矿泉水中锶含量。

表5-2 研究区矿泉水中锶含量与水化学类型统计表

矿泉水名称	矿泉水井位置	水化学类型	锶含量/(mg/L)
XWZ	历下区姚家镇	HCO_3-Ca	$0.26\sim0.31$
YJ	槐荫区段店镇位里庄北500m(山东省淡水渔业研究院)	HCO_3-Ca	$0.34\sim0.45$
XSJ	天桥区北园路边家庄南新世纪广场内	HCO_3-Ca	$0.35\sim0.425$
KLZ	槐荫区周王乡筐李庄	$HCO_3-Ca·Mg$	$0.29\sim0.31$
SO	历城区郭店镇	$HCO_3-Ca·Mg$	$0.29\sim0.36$

续表 5-2

矿泉水名称	矿泉水井位置	水化学类型	锶含量/(mg/L)
MH	历城区王舍人镇	$HCO_3 - Ca \cdot Mg$	0.43~0.50
KD	历城区华山镇盖家沟新村南	$HCO_3 - Ca \cdot Mg$	0.54~0.73
PLS	历城区沙河三村	$SO_4 \cdot HCO_3 - Ca \cdot Mg$	0.87~0.93
KS	槐荫区段店镇匡山村(水厂)	$SO_4 \cdot Cl - Ca \cdot Na \cdot Mg$	3.57~4.76

研究区内偏硅酸矿泉水均为复合型，主要赋存于辉长岩裂隙、大理岩岩溶裂隙中，接受南部山区径流补给和大气降水补给，以人工揭露或泉的形式排泄。由于地下水径流时间、储存时间较长，有利于充分溶滤含水介质中的 SiO_2，从而使地下水中偏硅酸含量增高。偏硅酸矿泉水中偏硅酸含量多大于 30mg/L，少量可达 74.75mg/L，水化学类型复杂，多为重碳酸型，其次为硫酸重碳酸复合型和硫酸氯复合型，且地下水多呈现"锶高、偏硅酸高"的双高特点，如 KS 矿泉水和普利斯矿泉水(表 5-3)。

表 5-3 研究区内偏硅酸复合型矿泉水井统计表

矿泉水名称	水化学类型	锶含量/(mg/L)	偏硅酸含量/(mg/L)	矿泉水含水层	矿泉水类型
PLS	$SO_4 \cdot HCO_3 - Ca \cdot Mg$	0.87~0.93	58.12~74.75	辉长岩	锶-偏硅酸复合型
YJ	$HCO_3 - Ca$	0.34~0.45	55.00~71.50	辉长岩	锶-偏硅酸复合型
KS	$SO_4 \cdot Cl - Ca \cdot Na \cdot Mg$	3.57~4.76	38.96~43.40	大理岩	锶-偏硅酸-溶解性总固体复合型

研究区内分布有大片的辉长岩、闪长岩和碳酸盐岩，这些岩石中均含有较高含量的 SiO_2，岩石受构造破碎或溶蚀交代影响，含硅矿物中的 SiO_2 溶滤进入地下水中，辉长岩、闪长岩和碳酸盐岩裂隙岩溶水中钾长石、斜长石的水解较彻底，故辉长岩裂隙水和碳酸盐岩裂隙岩溶水中偏硅酸含量较高。另外，地下水与周围含硅矿物长期接触是矿泉水形成的基本条件，在相同的条件下，地下水与含硅矿物接触时间愈长，水中偏硅酸含量则愈高。如南部山区一带，地下水形成时间从补给、径流至排泄区逐渐增加，水中偏硅酸含量也随之增高。普利斯矿泉水井(孔)偏硅酸含量大于趵突泉矿泉水井(孔)，说明补给途径远、地下水的形成时间长，有利于偏硅酸的溶滤、富集。

四、与围岩化学性质的关系

锶在地壳岩石圈的组成中属微量元素，属于碱土金属族，地壳丰度为 375×10^{-6}，在纯碳酸盐岩中含量为 610×10^{-6}，经过溶滤作用，由离子半径接近的钙将锶置换出来，当其浓度富集到一定程度时,会形成锶型矿泉水。因锶与钙的地球化学特征性质相似,锶通常以类质同象的形式存在于钙质造岩矿物中,地下水径流过程中,发生钙质矿物的溶解,锶离子也随之溶滤出来,溶滤时间的长短直接决定着矿泉水中锶含量的高低,停留时间越长,锶含量越高,反之则越低。

岩石地球化学特征、水岩作用条件及水岩作用过程均直接影响着矿泉水的物质来源和组分含量。大气降水通过孔隙裂隙渗透补给后,在沿裂隙、断裂向深部移运循环过程中,降水中CO_2和土壤微生物分解产生的CO_2也随降水渗入地下,在一定温度和压力环境中,得以长期与周围岩石进行水解和溶滤作用,而使得岩石中的碳酸盐、硅酸盐等矿物(如方解石、长石等)发生水解,钙、锶等一系列组分溶于水中,从而使得地下水大多成为重碳酸钙型(HCO_3^--Ca型)含锶矿泉水。其主要过程如下:

$$(Ca,Sr)CO_3(方解石)+CO_2+H_2O \rightarrow (Ca,Sr)^{2+}+2HCO_3^-$$

$$(Ca,Sr)[Al_2Si_2O_8](斜长石)+2CO_2+2H_2O \rightarrow H_2Al_2Si_2O_8+2HCO_3^-+(Ca,Sr)^{2+}$$

偏硅酸的物质来源是围岩中硅酸盐和含二氧化硅矿物,岩石中造岩矿物(如钾长石、钠长石、钙长石、石英和黑云母等)在蚀变过程中都能释放出大量游离状态的二氧化硅,当二氧化硅溶于水中便形成含偏硅酸的矿泉水:

$$SiO_2+H_2O \rightarrow H_2SiO_3$$

另外,济南岩体的岩性主要为辉长岩、苏辉长岩等,其主要矿物成分为长石、辉石和云母,含有大量的硅酸盐矿物,硅酸盐矿物溶解形成硅酸,硅酸在水中易电离成偏硅酸,是偏硅酸型矿泉水的主要物质来源。其主要过程如下:

① $CaAl_2Si_2O_8$(钙长石)$+2CO_2+8H_2O \rightarrow$
$Al_2O_3 \cdot 3H_2O$(三水铝石)$+Ca^{2+}+2H_4SiO_4$(硅酸)$+2HCO_3^-$

② $2Na(K)AlSi_3O_8$[钠(钾)长石]$+2CO_2+11H_2O \rightarrow$
$Al_2Si_2O_5(OH)_4$(高岭土)$+2Na^+(K^+)+4H_4SiO_4$(硅酸)$+2HCO_3^-$

③ $CaMg[Si_2O_6]$(透辉石)$+4CO_2+6H_2O \rightarrow$
$Ca^++Mg^++2H_4SiO_4$(硅酸)$+4HCO_3^-$

④ $H_4SiO_4 \rightarrow H_2SiO_3$(偏硅酸)$+H_2O$

地下水中偏硅酸含量等值线图(图5-9)清晰反映了地下水运移过程中偏硅酸的富集特点,当地下裂隙岩溶水流经济南岩体,地下水中偏硅酸含量大幅增加,从岩体南侧的不足15mg/L,到岩体附近大于20mg/L,而侵入岩类基岩裂隙水中偏硅酸含量大于39mg/L,更加有力地说明了地下水经辉长岩体溶滤后偏硅酸含量大幅增加。

综上所述,锶-偏硅酸复合型矿泉水或单一类型矿泉水的形成与地形地貌条件、水文地质条件、地下水赋存特征以及围岩化学性质等密切相关。碳酸盐岩和辉长岩等含水介质为矿泉水形成提供了重要物质来源,有利的地质背景和特定的水文地球化学环境条件为矿泉水的形成奠定了基础,长期的地下水溶解、溶滤、置换、水解等矿化作用和循环径流交替,是矿泉水形成的主要原因。

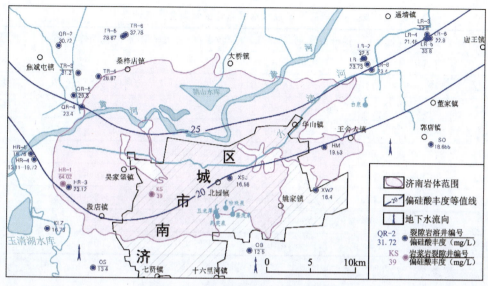

图 5-9 地下水中偏硅酸含量等值线图

五、与循环深度和温度的关系

水与矿物作用是否持续进行,与地下水循环深度、径流通畅条件密切相关。由于水和硅酸盐矿物作用常形成比它更难溶解的次生矿物,包围在原生矿物周围,减缓水岩作用。当径流条件好时,就能使之溶解彻底,进一步提高水中偏硅酸含量。另外,偏硅酸在水中的溶解度对水温很敏感,水温越高,溶解度越大。

研究区内 NW 向和 NE 向断裂构造发育,沿构造或侵入岩与灰岩接触带附近岩溶裂隙发育,为地下水运移特别是深循环提供了通道。区内矿泉水含水层接受南部广大灰岩山区大气降水补给后,向北径流,一部分以泉的形式排泄,另一部分继续向北径流到侵入岩之下,且越向北含水层埋深越大,如研究区内埋深自南向北为 100~300m 不等,继续向北埋深可达 500m。同时,水温也会随着埋深增加而增高,如南部补给径流区水温一般在 16℃ 左右,研究区内矿泉水水温一般为 18~25℃,再向北可大于 35℃,由于压力和水温的增大,更有利于地下水与围岩的相互作用,因此,在其北部常形成地热矿泉水。区内 YJ 矿泉水和 KS 矿泉水水温偏高且稳定,说明其地下水循环深度大,运移时间长,在地下水长期深循环运移过程中,溶滤了灰岩、大理岩和辉长岩类侵入岩中亲石微量元素锶以及硅酸盐矿物等,从而形成了区内矿泉水。

由表 5-4 可以看出,矿泉水中锶和偏硅酸含量与含水层埋藏深度及水温有着较明显的相关性,随着含水层埋藏深度的增加,地下水循环深度增加,水温逐渐增加,PLS、YJ 和 KS 矿泉水井水温达到了 20~25℃,锶和偏硅酸的含量呈现了双高的特点,且明显高于其他矿泉水中的含量。这也证实了随着含水层埋藏深度和循环深度的增加,地下水径流长度和时间变长,水岩相互作用(包括溶滤和水解)会变充分。随着温度升高,岩石中含锶和硅酸盐矿物的溶解度升高,导致矿泉水中锶、碳酸盐含量增加。

表 5-4 研究区矿泉水水温与特征元素含量统计表

矿泉水名称	含水层深度/m	偏硅酸含量/(mg/L)	锶含量/(mg/L)	溶解性总固体/(mg/L)	水温/℃
XWZ	80.00~100.00	17.07~19.13	0.26~0.31	498.81~515.02	18.0
KLZ	178.14~304.40	16.55~16.74	0.29~0.31	348.52~352.76	18.0
SO	391.90~500.28	16.97~18.655	0.29~0.36	400.80~442.19	16.5
XSJ	381.00~493.00	16.40~17.62	0.35~0.43	425.75~440.00	20.0
MH	273.02~380.00	19.33~19.73	0.43~0.50	533.82~547.82	17.0
KD	60.66~116.11	26.40~27.70	0.54~0.73	658.99~703.63	15.0
PLS	100.00~250.00	58.12~74.75	0.87~0.93	637.42~667.34	19.5
YJ	232.45~680.80	55.00~71.50	0.34~0.45	535.00~597.00	25.2
KS	723.00~580.00	38.96~43.40	3.57~4.76	1 077.00~1 206.56	24.4

六、成因类型

矿泉水的形成主要受地质构造条件、地球化学条件及地下水动力条件等因素的控制,特别取决于这些因素相互间的配置,据此研究区矿泉水的成因类型可概括为断裂深循环型、裂隙中深循环型和层间缓慢径流型 3 种。

1. 断裂深循环型

该类型矿泉水是指以温泉或地热流体为特征的各类矿泉水,是地下水通过断裂导水构造经过深循环,在深部运移过程中穿越不同的围岩化学环境,在温度效应、压力效应等的影响下,经过长时间的水岩相互作用形成的矿泉水。

研究区内该类型矿泉水共计两个,分别为 YJ 矿泉水和 KS 矿泉水。矿泉水井深度分别为 707.68m 和 850.00m,矿泉水含水层为辉长岩和大理岩。水化学类型为 HCO_3-Ca 型和 SO_4·Cl-Ca·Na·Mg 型,水温分别为 25.2℃ 和 24.4℃,矿泉水中锶和偏硅酸呈现双高特点,为锶-偏硅酸复合型矿泉水。

2. 断裂中深循环型

相比于断裂深循环型,断裂中深循环型地下水埋藏深度介于 150~500m 之间,水温在 15~20℃ 之间,是地下水经过断裂构造或岩溶通道,通过水岩相互作用,溶滤围岩中的特征组分,进而富集形成的矿泉水。

研究区内除 YJ 和 KS 两个矿泉水成因类型为断裂深循环型外,其他已勘查评价的矿泉水均为断裂中深循环型。

无论是断裂深循环型还是断裂中深循环型,矿泉水的形成与地下水的远源循环效应、温度效应、压力效应以及围岩化学环境密切相关。

远源循环效应:YJ 矿泉水中氢元素同位素氚的测试值为 (2.2 ± 0.1)TU,说明矿泉水水源为1953年以前的补给水与近代补给水的混合,从大气降水入渗径流至矿泉水泄溢,循环周期已逾30年,反映了它们径流途径比较长,并在远源渗流循环过程中赢得了水对围岩作用的时间,致使围岩中一些矿物成分或元素被充分溶滤,取得了水岩之间的化学动态平衡从而形成矿泉水。

温度及压力效应:地下水在循环过程中不断地与岩石进行水热平衡交换,随着含水层埋藏深度的增加,逐渐形成了较高温度的地下水,随着温度增加使得围岩中一些矿物的溶解度增大,促进了地下水对围岩的溶解。从不同温度分级的地热流体水化学特征中看出:在15～20℃的矿泉水中,水化学类型多为低矿化重碳酸盐型水;在23～40℃的温热矿泉水中,水化学类型多为低矿化重碳酸盐型水或重碳酸硫酸盐型淡水;水温大于40℃的热矿泉水,水化学类型由重碳酸硫酸盐型向硫酸盐型过渡,矿化度也随之增高。

从上述规律可以看出,随着温度的增高,水中溶质组分相应地增加。在同一溶质和相同溶剂的情况下,溶解度除受温度制约外,还与压力有关。随着地下水循环深度的增加,其所承受的压力也增加,进而会增强地下水对围岩某些矿物成分的溶解,有利于矿泉水的形成。

围岩化学环境:地下水在深循环过程中穿越不同岩性的地层或不同的地球化学环境,对形成矿泉水的物质来源有利。此外,在一些断裂带常见有硅化、黄铁矿化等矿化伴随,致使水中硫酸根离子、氟离子含量增高。这种相关性,不同程度地反映了围岩化学成分对矿泉水的形成有明显的影响。

3. 层间缓慢径流型

地下水受地层构造和地形地貌等环境因素的控制,径流滞缓,在长时间的渗流过程中赢得了对围岩充分作用的时间,使某些元素组分含量达到了矿泉水标准,称之为缓慢径流型。因该类型矿泉水含水层上下,普遍有相对隔水层,地下水受层间控制以水平渗流运动为主,故在命名上贯以"层间"二字,称作层间缓慢径流型。

该类型矿泉水含水层为新近系—第四系下更新统裂隙孔隙含水层和第四系中上更新统孔隙承压含水层。矿泉水的形成主要受含水层水动力条件和含水层地质结构因素控制。

水动力条件:新近系裂隙孔隙承压水水力坡度在平原区为 $0.7/10\,000$～$1/10\,000$;中上更新统孔隙承压水水力坡度一般为 $1/7000$～$1/10\,000$,含水岩组渗透系数一般为 8～$16\,m/d$,二者之间的结合造成地下水径流速度缓慢。部分矿泉水氚同位素测试结果显示,新近系裂隙孔隙承压水从大气降水入渗循环到矿泉水的形成至少有25年以上或更早的同位素年龄,由此可见,该矿泉水的形成是地下水与围岩长期相互作用的结果。

含水层地质结构:新近系—第四系下更新统和中上更新统含水岩组为一套粗粒相碎屑岩类,地下水在这种多孔介质中渗流或浸泡,与围岩作用面加大,有利于水对围岩的溶滤、吸附,加上围岩介质物质组分复杂,提供了矿泉水的物质成分来源。此外,各含水岩组上覆的黏土岩和黏土起着良好的隔水屏障作用。

该类型矿泉水目前在研究区内没有发现,推测在研究区西部及北部,即黄河冲积平原地区附近,新近系—第四系发育良好,水动力条件和含水层地质结构均有利于该类型矿泉水的形成。

七、成矿模式

通过分析成因类型,发现研究区内的矿泉水属于断裂深循环型和断裂中深循环型为主,依据其形成的构造条件,可将研究区内矿泉水成矿模式概括为围岩式成矿模式。即研究区内的矿泉水多形成在济南岩体与寒武纪—奥陶纪碳酸盐岩地层接触部位,含水层岩性主要为燕山晚期济南岩体白垩纪辉长岩及受岩体侵入变质而成的大理岩。围岩中富含锶和偏硅酸等矿物成分,地下水经过径流补给及深循环运动,在溶滤作用和水解作用下,使围岩中含锶和硅酸盐的矿物溶解于地下水中并不断富集,进而在断裂构造或岩浆活动影响的破碎带附近,形成裂隙岩溶或基岩裂隙等,为矿泉水形成提供了良好赋存空间,进而形成了研究区内含锶、偏硅酸单一及复合型矿泉水。

第三节 铁矿成矿机理

一、时间、空间分布规律

接触交代型铁矿床在空间上主要分布于鲁中隆起北部边缘的济南(研究区)—淄博一带和鲁中隆起的莱芜附近。上述地区探明的铁矿资源储量占全省该类型的90%以上。在空间上主要受一系列中生代燕山晚期辉长岩、辉长闪长岩侵入体及中奥陶世灰岩、白云岩分布的控制。矿体分布于侵入体与灰岩、白云岩接触带附近,形态极不规则。

1. 控矿地层

控矿围岩为奥陶纪马家沟群北庵庄组、五阳山组和八陡组,其中大型矿床主要赋存在五阳山组和八陡组中,次为北庵庄组,阁庄组中也有少量铁矿存在。其岩性主要为中厚层灰岩夹薄层灰岩局部夹白云岩及白云质灰岩。马家沟群厚度为561~1267m。

2. 与成矿有关的岩浆岩

该类型矿床主要与中生代燕山早期中—基性侵入岩有关,岩体岩石组分、侵位、产状等对铁矿体的形成具有重要的控制作用。岩体的岩石类型以辉长闪长岩、闪长岩类为主,有少量的辉长岩类。岩体侵位于中奥陶世灰岩和石炭纪—二叠纪砂页岩中。岩体多为复式,具有多期侵入和多期成矿的特点。岩体的产状、规模对矿床的定位和矿床规模具有明显的控制作用,一般岩体为岩盖、岩床,且规模较大时形成规模较大的矽卡岩型矿床。矿床受区域EW向断裂构造和NW向断裂构造控制明显。铁矿体的形态、产状和规模与接触带的构造密切相关。

3. 与成矿有关的构造

燕山期岩浆活动明显受 EW 向、NW 向断裂控制,两者的复合部位更是岩浆活动的主要通道,它控制着该区成矿带或成矿区的分布。济南岩体受近 EW 向的齐河-广饶断裂的控制。成矿前断裂与岩体接触带的复合部位是矿床形成的有利部位,岩体的拐弯处、凹部有利于成矿。假整合面、舌状围岩和捕虏体往往形成较大矿体。

二、含矿带及矿体特征

该类型矿体长度一般为 80～500m。延深 20～2000m,厚度一般为 4～30m。矿体形态较为复杂,主要为透镜状、似层状、扁豆状等。矿石呈块状,矿石中的金属矿物成分主要有磁铁矿、镁磁铁矿及赤铁矿、褐铁矿等。TFe 的含量一般为 30%～50%,伴生组分中的 Cu 含量一般为 0.008%～0.05%(达不到综合利用品位)。Co 可供综合利用(一般为 0.007%～0.045%)。

三、重力、磁异常特征

1. 航磁特征

该类型航磁特征明显,在中小比例尺航磁测量中主要呈较大的正椭圆状低缓磁异常,异常之上往往分布椭圆状、不规则更高磁异常,大型磁异常强度一般为 100～300nT,其上的小型磁异常比临近区可高 50～150nT。在大的椭圆形磁异常两侧,往往伴随较为强烈的负异常出现。大型磁异常的形状往往受侵入岩体规模控制,其上的小型异常往往与形成的矿床密切相关。

2. 重力特征

该类型分布区形成的重力异常一般为椭圆状,异常的分布与岩体的空间分布关系较为密切。布格重力异常值一般为 $(0～10)×10^{-5}m/s^2$。重力异常与其相应的磁异常对应较好。形成的该类铁矿是山东最主要的富铁矿类型。

四、成因类型

研究区矿床为高温热液接触交代矽卡岩型磁铁矿床,矿体的形成与中生代燕山晚期闪长岩的侵入有着极为密切的关系,该矿床类型是我国重要的铁矿床类型之一。

矽卡岩型铁矿床是因含矿热液由岩体构造裂隙侵入到碳酸盐岩中,与围岩发生交代作用而形成的。据研究区铁矿研究资料,铁矿的形成与成矿物质的来源及运移,一是通过成矿作用的闪长岩类中的碱质比一般闪长岩碱质高时($Na_2O>K_2O$),岩体中的Fe_2O_3+FeO为6.04%~8.08%,$(Fe_2O_3+FeO)/Mg>1$,表明岩浆中有多余的铁质被卤化物捕获而分离,有利于形成铁矿。二是岩体的自变质所表现的碱质交代作用,多发生在岩体与围岩接触带内的矽卡岩中,经过碱质交代,闪长岩中磁铁矿明显减少,如未经碱质交代的角闪闪长岩中,磁铁矿的含量为18 211.71g/t,而经碱质交代的闪长岩中磁铁矿减少到3 028.21g/t,显示了铁质在钾、钠化过程中的溶解与转移。因此,含碱质高的闪长岩中的铁和闪长岩类岩石的碱质交代作用,是高温热液接触交代矽卡岩型铁矿床铁质溶解运移和富集成矿的重要因素。大理岩和似斑状闪长岩是交代的物质基础。

(一)铁矿形成的物质来源

济南岩体为中生代侵入岩,岩浆上升过程中携带了大量金属元素,在冷凝过程中含矿热液上升,在合适部位与围岩交代富集成矿,通过分析岩体中金属元素或矿物质含量,可以大致判断金属矿物来源。

济南辉长岩体 TFe 含量一般在10%左右,以 FeO 为主,Fe_2O_3次之(表5-5),一般在辉长岩中铁元素含量相对较高,在高含铁背景和适当环境中利于铁矿的富集,岩浆除了携带深部的铁元素外还携带了大量的其他元素,如钴、铜等,在条件适宜时富集成为铁矿等金属矿产的共、伴生矿产。

表5-5 济南岩体各单元部分金属矿物及微量元素含量表

单元	Fe_2O_3	FeO	Co	Cu
	%		$\times 10^{-6}$	
无影山	1.59~4.80	7.45~9.48	42.90~75.09	17.0~29.34
药山	2.03~4.06	5.42~7.80	30.40~53.42	27.14~35.02
金牛山	0.80~4.85	4.40~8.51	28.36~43.53	18.09~60.82
燕翅山	1.68~1.94	6.67~8.42	36.3~39.89	18.00~63.99
马鞍山	1.44~2.40	0.73~1.47	3.70~4.23	17.66~36.02

(二)矽卡岩期生成次序

研究区矽卡岩可分为简单的和复杂的2种,成分简单的矽卡岩主要由透辉石、石榴子石、方解石和少量硅灰石等矿物组成,其生成时间较早而后又有绿帘石、绿泥石、阳起石等矿物交代充填在早期矽卡岩之间,这样矽卡岩成分亦由简单变为复杂,矽卡岩期后又有石英硫化期,矽卡岩矿质生成前后和相互关系分述如下。

1. 无矿期

岩浆上升凝固后,侵入体深部矽卡岩溶液随着上升生成一些成分简单的矽卡岩如石榴子石、透辉石、矽卡岩,研究区以透辉石为主,石榴子石除在郭店一点矿区较发育外,其他矿区一一般少见,矽卡岩组成矿物除透辉石、石榴子石外,尚有方柱石和少量硅灰石,镜下可见方柱石晶体中有透辉石的残留,说明方柱石要晚于透辉石生成。以上矿物也能说明当时处于高温阶段。

2. 含矿期

成分简单的矽卡岩生成后,矽卡岩溶液仍继续上升,因而交代了前期成分简单的矽卡岩矿物而生成一些新的矽卡岩矿物,新生成的矽卡岩成分要比早期复杂,颜色也比早期矽卡岩深,一般呈灰绿色至深绿色,结构也不如早期矽卡岩致密。本期矽卡岩矿物有阳起石、透辉石、绿帘石、绿泥石等。本期矽卡岩均交代了前期的矽卡岩,于镜下可看到阳起石、绿帘石、绿泥石等交代透辉石、方柱石的现象,而阳起石又被绿泥石交代,这说明阳起石生成于绿泥石之前、透辉石之后。

3. 石英-硫化期

硫化矿物以黄铁矿为主,黄铁矿呈立方体及浸染状分布于磁铁矿及围岩中,晶型大者可达 $1cm^3$,晶型良好。石英呈他形颗粒状,其次呈石髓出现,偶有良好的小晶形生于晶洞中,常与方辉石晶簇共生,石英部分矿区不发育,肉眼难以见到。方解石一般呈细脉状贯穿于矽卡岩及闪长岩和磁铁矿中,以裂隙充填为主,脉宽 0.1~1cm。方解石生成时间应属最晚,分两期或两期以上生成,第一期贯穿矽卡岩,第二期是后期方解石细脉贯穿前期方解石脉。绿泥石发育普遍,其为辉石或闪石类的次生矿物,一般呈淡绿色,为团块状集合体。

(三) 矽卡岩产状及其找矿标志

研究区矽卡岩与围岩一般呈不整合接触,矽卡岩形状也较复杂,多呈不规则小透镜状和脉状,部分矽卡岩形状完整,呈大透镜状。矽卡岩一般生于接触带中(图 5-10),也有交代火成岩而生于火成岩体中,因而不规整、断隔、不连续现象较普遍(图 5-11),也见大理岩中生成的矽卡岩(图 5-12)。

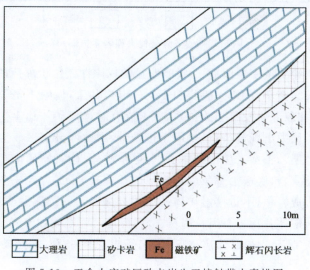

图 5-10 王舍人庄矿区矽卡岩生于接触带内素描图

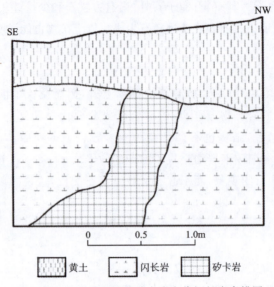

图 5-11 砚池山北矿坑矽卡岩交代闪长岩素描图

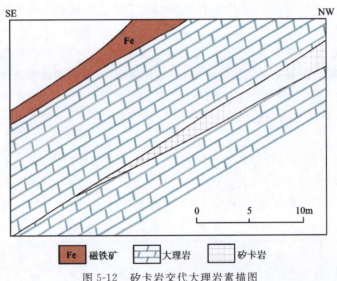

图 5-12 矽卡岩交代大理岩素描图

研究区矿体生成地质条件各地不一,没有明显的规律性。位于郭店的济南东郊矿区复杂矽卡岩与岩体关系较为密切,矿体一般均和复杂矽卡岩共生,但绝不是说复杂矽卡岩处均有矿体蕴藏,部分矿体和矽卡岩没有相关关系,矽卡岩有时远离矿体达 100m,有时就生成于辉长闪长岩中或夹于矿层中出现,而不是生成于接触带,因此部分矿区矽卡岩不能作为与矿体直接接触的找矿标志层。王舍人庄西矿体、张马屯东矿体、徐家庄矿体有矿部分其顶板一般为大理岩或矽卡岩化灰岩,底板为辉长闪长岩或闪长辉长岩,王舍人庄东矿体及张马屯西矿体铁矿一般生成于火成岩中,不过接触矿体一般均有深浅不同的接触变质现象,有时也有少量矽卡岩。而农科所矿体其顶板是闪长辉长岩,底板是大理岩或矽卡岩化灰岩。因此西部矿区矿体和矽卡岩的关系不及东部郭店地区明显,不过总的来看,本区矿体一般生成于接触带中。

(四)矽卡岩成因

根据研究区内矽卡岩种类、产状及母岩,可以认为矽卡岩溶液来源是各种岩浆岩发展阶段分异出来的气水溶液。

根据矽卡岩矿物可以确定矽卡岩生成时的温度应该在200~800℃之间,早期矽卡岩也就是成分简单的矽卡岩生成时温度较高,晚期矽卡岩也就是成分复杂的矽卡岩生成时温度较低,到石英-硫化期温度则更低,在200~400℃之间。矽卡岩的组分应该来自矽卡岩溶液本身,溶液上升过程中与围岩接触时必然会发生交代作用,其组分会发生带入或带出,但这些组分的带入或带出绝不是生成矽卡岩的根本原因。研究区内火成岩岩体中存在矽卡岩这一现象说明,矽卡岩溶液内本身就富含构成矽卡岩的钙铝硅酸盐及钙铁、钙镁硅酸盐组分。

矽卡岩溶液在上升过程中,只要有适宜的环境,都可以产生矽卡岩。研究发现,在与灰岩接触处,矽卡岩特别发育,这是因为此处钙浓度较高,易于被溶液交代。同时,在接触处还发生了双交代作用,使溶液与围岩中的钙镁离子发生交代,更有利于矽卡岩的形成。以上研究结果表明,围岩在矽卡岩的形成中起到了很大作用。

研究区矽卡岩不发育的原因是研究区母岩为辉长岩,其残余岩浆溶液中SiO_2含量不及闪长岩或花岗闪长岩残余岩浆溶液中含量多,因此没有足够的SiO_2构成矽卡岩。

(五)矿床成因

研究区母岩为辉长岩岩类,因岩浆分异作用,其边缘部分偏酸性,为辉长闪长岩至黑云母闪长岩,与矿接触有关的也是这些边缘部分的辉长闪长岩及黑云母闪长岩,围岩是奥陶纪灰岩,研究区矿床的生成是由于区内基性岩浆结晶凝固过程中分泌出来的气水溶液上升至适当条件下沉淀而成。

研究区基性岩浆上升后,由于所处的物理、化学环境改变,温度、压力降低,熔点高、密度大的矿物开始结晶下沉,岩浆逐渐凝固构成了辉长岩体,此时岩浆由于辉长岩的凝固,挥发分及SiO_2要比原先相对富集,因而岩浆略变酸性,当温度压力继续下降,熔点较高、密度较小的矿物也相继结晶凝固,因而就形成分层现象,所以上部和边缘部分为辉长闪长岩—闪长岩,而中心部分为辉长岩。由岩浆发展阶段所分泌出来的气水溶液在一定温度压力条件下愈至上部愈集中,当其上升过程中在适当环境下与围岩接触,首先生成晶体矽卡岩,如透辉石、石榴石矽卡岩,随后,当温度继续下降至500~600℃时,形成了复杂的矽卡岩。与这一过程同时或稍晚气水溶液中的金属铁组分会发生交代作用,从而沉淀成矿。研究区铁矿有交代大理岩、矽卡岩或火成岩的现象(图5-13~图5-15)。

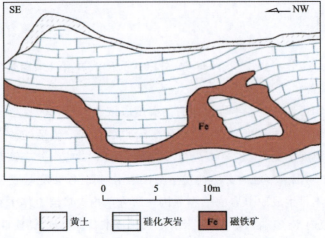

图 5-13 桃花峪矿坑矿体交代硅化灰岩素描图

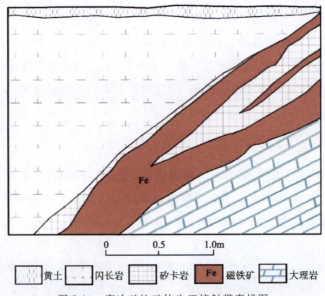

图 5-14 唐冶矿坑矿体生于接触带素描图

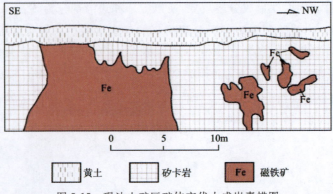

图 5-15 砚池山矿区矿体交代火成岩素描图

镜下可以看到磁铁矿交代了透辉石,能够清晰看到透辉石残留和磁铁矿穿插的现象。

当温度降低至 200～400℃时,石英-硫化物开始结晶沉淀,如黄铁矿、石英、方解石等,从矽卡岩期至磁铁矿期至石英-硫化物期,是一个统一生成过程的各个阶段,不能决然分割开。

矿床生成的地质要素,其中地质构造起着极重要作用。研究区位于山东地台与渤海湾凹陷交接地带,这是一个软弱地带,因而有大量的火山活动。成矿作用不仅与构造提供的矿液上升的良好通道有关,也与矿床形态、围岩的物理化学性质有关。另外,性质活泼的钙质岩石、大理岩或灰岩,由于其易于被交代置换,也与成矿作用有着非常密切的关系。

研究区母岩为基性岩体,SiO_2 及含铁组分不及中性或酸性岩浆丰富,所以研究区铁矿规模一般不大,不过从本区矽卡岩型铁矿可以说明这一点,在具岩浆分异作用的矽卡岩区,是可能生成接触交代型铁矿的,不过应在其边缘部分闪长辉长岩-闪长岩部分去寻找。

研究区矿床为矽卡岩型矿床依据有如下 3 点。

(1)本区接触带附近一般均有矽卡岩生成,这是矽卡岩矿床重要条件之一。

(2)矿体一般生成于接触带,并以交代大理岩、矽卡岩或火成岩而沉淀成矿。

(3)矿体和半深成岩有关,成矿温度和产状、规模等均与一般矽卡岩型铁矿相同。

五、成矿模式

研究区铁矿是与中—基性侵入岩有关的接触交代-高温热液型磁铁矿矿床,该类型矿床主要与中生代燕山期中—基性侵入岩有关,成矿岩体的岩石类型以闪长岩类为主,有少量的辉长岩类。岩体侵位于中奥陶世灰岩和石炭纪—二叠纪砂页岩中,岩体多为复式岩体。岩体的产状、规模对矿床的定位和矿床规模具有明显的控制作用,一般岩体为岩盖、岩床且规模较大时,会形成规模较大的矽卡岩型矿床。矿床受区域 EW 向和 NW 向断裂构造控制明显。控矿围岩为奥陶纪马家沟群北庵庄组、五阳山组和八陡组,次为北庵庄组;阁庄组中也有少量铁矿存在。铁矿体的形态、产状和规模与接触带的构造密切相关。矿体长度为数十米至数千米(30～4200m),延深长度20～2000m。矿石中主要有磁铁矿、镁磁铁矿及赤铁矿、褐铁矿等。

研究区内为来自深部的中基性岩浆侵位到奥陶纪碳酸盐岩和石炭纪页岩地层中,由于岩浆热液与碳酸盐岩、页岩物质成分的差异,促使二者发生双交代渗滤作用,导致物质组分的余还少补、运出带入,并在矽卡岩退化蚀变过程中发生磁铁矿化,在接触带及附近部位磁铁矿大量沉淀聚集,最终形成接触交代型铁矿床。铁矿主要赋存在白垩纪基性侵入岩(中粒辉长岩)与奥陶纪马家沟群灰岩接触带附近,或在岩体内,或在灰岩内,或在接触带上(图 5-16)。侵入岩体与围岩接触部位一般透辉石矽卡岩化、蛇纹石大理岩化很发育,局部发育硅化、绢云母化等蚀变,并伴有多金属矿化等。矽卡岩多呈不规则带状或透镜状沿侵入体外接触带发育,矽卡岩带内磁铁矿化发育,局部较强,构成工业矿体,并伴有黄铁矿化、黄铜矿化。

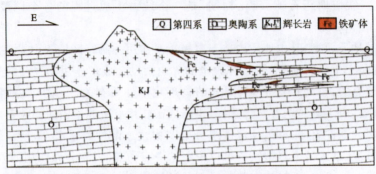

图 5-16 研究区铁矿体成矿模式示意图

第六章 济南岩体找矿预测

第一节 地热资源预测

一、成矿预测

研究区内主要发育有碳酸盐岩裂隙岩溶热储和侵入岩基岩裂隙热储两种,其中侵入岩类基岩裂隙热储由于热储层发育厚度有限,已有地热井涌水量一般在 $1000m^3/d$ 以下,水温在 35℃以内,故不作为地热开发潜力区进行预测。

碳酸盐岩裂隙岩溶热储在研究区内分布面积大,热储温度变化范围在 25~57℃ 之间,涌水量一般在 $1500~3000m^3/d$ 之间,埋深为 250~1500m,地热水 TDS 在 300~7500mg/L 之间。通过分析研究区碳酸盐岩岩溶裂隙热储分布特征、埋藏条件、富水性和地热水化学特征,对地热资源分布进行预测。

1. 地热、矿泉水复合型综合勘查预测区

研究区西部地热田地热水温度一般在 25~35℃ 之间,地热水中 TDS 一般为 300~700mg/L,且锶、偏硅酸含量满足饮用天然矿泉水界限指标,既是地热资源又是矿泉水资源,即为地热、矿泉水复合型资源,其中西部地热田为地热、矿泉水复合型资源的勘查有利区域。

2. 供暖用热及梯级综合利用勘查预测区

在黄河北地热田和坝子-鸭旺口地热田"灰岩条带"及以北,有石炭系—二叠系保温盖层发育区,热储温度一般大于 40℃,可开展供暖用热和梯级综合开发利用勘查,根据以往钻探数据,越靠近研究区北侧热储温度越高,在断裂配合地段热储温度有进一步提升的可能。

二、开发利用方向

岩体对碳酸盐岩裂隙岩溶水含水层的阻挡,减缓了地下水径流速率,利于其加温形成地热资源,济南市淡水研究所 HR3 地热井出水口温度为 27.5℃。若没有岩浆岩巨厚的盖层保温作用和岩体的阻挡作用,仅发育第四系和奥陶系沉积组合,该位置为岩溶裂隙水强径流带,其地下水温度难以达到 25℃,也无法形成(低温)地热资源。

受岩体阻挡,岩体北侧(黄河北地热田和坝子-鸭旺口地热田)形成高温地热资源,35～43℃地热水用于洗浴、康养和温室种植/养殖,大于 40℃地热水可用于供暖,回水可用于温室种植/养殖等综合利用。

同样,若不是岩体特殊的岩性以及岩体的阻挡作用减缓地下水径流的速度,水岩不能进行有效交换,也可能无法形成地热水特殊的离子组分(水化学组分),使该地热水在满足饮用、理疗和常规地热指标的同时,锶、偏硅酸等达到饮用天然矿泉水标准,如西部地热田的 HR3 地热井地热水为锶、偏硅酸低矿化度饮用天然矿泉水。岩体北部的黄河北地热田和坝子-鸭旺口地热田为锶-偏硅酸型理疗热矿水。

第二节 矿泉水资源预测

一、成矿预测

根据研究区内济南岩体分布特征和地下水化学特征,在研究区内圈定Ⅰ、Ⅱ、Ⅲ、Ⅳ共 4 个矿泉水成矿预测区,分别位于研究区西南部和中东部。

Ⅰ区:位于研究区的西部,分布范围为玉符河以东、京台高速以西、黄河以南至经十路以北一带,面积约 40km^2。该预测区地下水水质良好,水质分析结果显示,地下水中锶含量均大于 0.4mg/L,最高达 1.94mg/L,偏硅酸含量 19.76～33.32mg/L,最高可达 64.02mg/L,水化学类型为 HCO_3-Ca 型或 HCO_3-Ca·Mg 型。水中锶含量均满足国家矿泉水标准的界限指标,少量样品的偏硅酸含量达标,该预测区内矿泉水类型以锶型为主,少量为锶-偏硅酸复合型。该区内在新近纪和第四纪地层中多形成层间缓慢径流型矿泉水。随着含水层埋藏深度的增加,矿泉水成因类型变为断裂深循环型。

Ⅱ区:位于吴家堡街道东北一带,西起沙王庄,东至药山,南起匡山水厂一带,北至徐庄-丁庄一带,面积约 23km^2。该预测区位于济南岩体中西部,是奥陶纪碳酸盐岩覆于济南岩体之上的"天窗",该区域地层特点为上覆少量新近系和第四系,其下为奥陶纪碳酸盐岩地层,岩性以灰岩和大理岩为主,碳酸盐岩地层之下发育济南岩体辉长岩、苏辉长岩等。济南岩体和奥陶纪碳酸盐岩等岩石矿物成分为矿泉水的形成提供了良好的物质来源;在碳酸盐岩与辉长岩的接触带附近，受岩浆侵入活动影响和断裂构造破坏，岩石破碎，裂隙岩溶发育，为矿泉水形成提供了良好的赋存空间。区内已发现的 KS 矿泉水中锶、偏硅酸和溶解性总固体均达到了饮用天然矿泉水界限标准，推测该预测区内矿泉水化学类型浅部以锶-偏硅酸复合型为主，水化学类型较复杂，随着矿泉水含水层埋藏深度的增加，由重碳酸型向硫酸根重碳酸型渐变。

III 区：位于历城区西北部，西起顺河高架，东至滩头—济南钢厂一带，南起工业南路附近，北至黄河，面积约 $105km^2$。该预测区位于济南岩体的东部边缘地带，为济南岩体与奥陶纪碳酸盐岩的接触地带，局部奥陶纪碳酸盐岩形成"天窗"。济南岩体和碳酸盐岩中矿物成分为矿泉水的形成提供了物质基础，区内断裂活动和岩浆侵入活动发育，岩石岩溶裂隙发育，为矿泉水形成提供了赋存空间。区内已发现的矿泉水点也较多，分别为 PLS、MH、XWZ、XSJ 以及 KD 矿泉水，水中锶含量多为 0.35～0.73mg/L，PLS 矿泉水最高，为 0.93mg/L，偏硅酸含量多为 16.40～27.70mg/L，多数不能满足饮用天然矿泉水界限指标要求，仅在 PLS 矿泉水中偏硅酸含量高达 58.12～74.75mg/L，超过饮用天然矿泉水界限指标。因此，该预测区矿泉水类型以锶型矿泉水为主，其次为锶-偏硅酸复合型。水化学类型以 HCO_3-Ca 型或 $HCO_3-Ca·Mg$ 型为主，少量硫酸根重碳酸型。

IV 区：位于研究区的东部，在董家—郭店—港沟一带，面积约 $36km^2$。该区的辉石和黑云母，长石类和辉石等矿物中含有锶以及硅酸盐等物质，经过地下水溶滤和水解作用，为矿泉水的特征元素形成提供了物质来源，区内港沟断裂和武家庄断裂为地下水循环和运移提供了良好通道，同时断裂活动和岩浆侵入活动也为地下水赋存提供了空间，含有锶和偏硅酸等物质的地下水在该区内富集形成矿泉水，其锶含量一般能达到饮用天然矿泉水中界限指标含量要求。推测该预测区内矿泉水为低锶型矿泉水，锶含量 0.40～0.60mg/L，水化学类型为 $HCO_3-Ca·Mg$ 型。

综上所述，研究区内矿泉水成矿预测区面积共计约 $204km^2$，多分布在济南岩体边缘及其与奥陶纪碳酸盐岩接触带附近，预测区内均有少量矿泉水井点分布，根据已有矿泉水井水质资料，对预测区矿泉水类型进行了评价，研究区内以锶型矿泉水为主，其次为锶-偏硅酸复合型，锶含量多为 0.40～1.00mg/L，局部大于 1.00mg/L，偏硅酸含量多为 15.00～30.00mg/L，富集地段大于 35mg/L，满足饮用天然矿泉水界限指标。水化学类型以 HCO_3-Ca 型和 $HCO_3-Ca·Mg$ 型为主，随着循环深度和流体温度增加，水化学类型逐渐向重碳酸硫酸型或硫酸型变化。

二、开发利用方向

泉水是济南市的灵魂，为实现泉水不停喷，保护泉水，岩体南部（炒米店断裂和东坞断裂之间）的泉水流域不作为矿泉水勘查开发区域，岩体西侧和东侧的东坞断裂以东可作为矿泉水勘查开发的有利区域，在上述两个区域进行矿泉水资源勘查，既能有效保护泉域，又能为济南新旧动能转换区提供优质水源（图 6-1）。

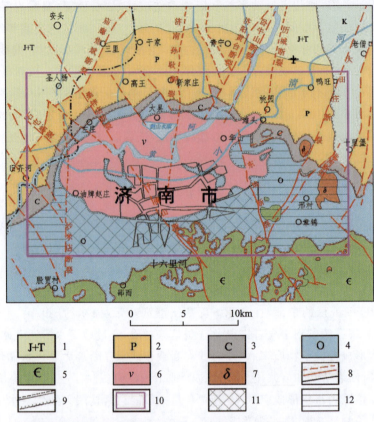

1.侏罗系+三叠系；2.二叠系；3.石炭系；4.奥陶系；5.寒武系；6.辉长岩；7.闪长岩；8.断层+地质界线；9.(平行、角度)不整合地质界线；10.研究区范围；11.限制矿泉水勘查开发区；12.建议矿泉水勘查开发区

图 6-1 研究区矿泉水勘查范围示意图

第三节 铁矿资源预测

一、预测条件

  对勘查工作程度高的典型矿床和已知找矿最为有利地段,因掌握的地质、矿产信息丰富,可以预测典型矿床外围及深部矿化信息。对没有确切地质依据的地段,若按照典型矿床提供的信息参数沿倾向下推或沿走向外推,则会明显夸大典型矿床外围的资源量,故在进行典型矿床外围和深部估算资源量时,首先进行周密的地质、物探分析,设置合理的体积含矿率修正系数,对估算的资源量进行修改。

二、预测结果

利用含矿矽卡岩带(侵入体边界)和矿体磁异常圈定面积,在研究区内共圈定预测区 8 处,分别为还乡店村预测区、大辛村预测区、相公庄预测区、流海庄预测区、东风预测区、十里河预测区、唐冶预测区、任家庄预测区,预测总面积 $5.2km^2$。对圈定的预测区采用地质体积法和磁法体积法进行估算,预测资源量超过 $8000×10^4t$。

第四节　找矿实例分析

一、地热找矿实例

1. 指导百多安 QR5 地热井勘查施工

前人认为齐河县百多安医疗器械有限公司所处位置因奥陶纪灰岩埋藏浅,盖层薄,不具备地热形成条件。山东省第一地质矿产勘查院技术人员在总结本次研究区地热成矿模式的基础上,分析认为西部地热田和黄河北地热田是两个相对独立的地热田,其分界断裂石屯断裂是一条阻水断裂,该断裂将原本连续的"灰岩条带"分割,黄河北地热田"灰岩条带"为地热异常区,该区地热为深部地下热水沿济南岩体下沿与灰岩接触带以及断裂构造上涌,热对流和传导相叠加而成,具备地热形成条件,并初步预测热储层埋深在 400m 以内,预测水温在 35℃以上,涌水量在 $60m^3/h$ 左右。

通过钻探揭露,井深 335m 处揭露奥陶纪灰岩,终孔 809.63m,地热井涌水量为 $102.0m^3/h$,出水口水温 43.0℃,热水地面起埋深 7.90m,地温梯度为 6.56℃/100m,为地热异常区。地热水化学类型为 SO_4-Na 型,矿化度为 1409.00~1523.30mg/L,地热水可作为热水洗浴、采暖等综合利用。偏硅酸含量为 29.30mg/L,达到了医疗热矿水浓度,氟含量为 1.16mg/L,达到了有医疗价值浓度。地热水富含对人体健康有益的锶、偏硼酸、偏硅酸、氟等微量元素,不含对人体有害的微量元素和组分,可作为医疗、康养用水。

2. 指导曹家圈 HR5 地热井勘查施工

在地热成矿模式及聚热理论的指导下,在西部地热田的曹家圈村西北成功实施一眼地热井,地热井出水口温度为 31℃,涌水量为 $2640m^3/d$,进一步证实了该预测区地热成矿理论的正确性。

二、矿泉水找矿实例

以断裂深循环成因类型为指导,利用研究区矿泉水成矿模式,在研究区西部申家庄断裂附近成功施工了一个勘查孔 HR5 井,孔深 1 227.03m,含水层为奥陶系马家沟群灰岩,其顶板埋藏深度为 680m,主要的控热导水构造为申家庄断裂,钻孔在 800~848m 钻遇该断裂,岩石破碎,岩溶裂隙发育,为地下水径流和运移提供了良好通道。测得该井出水口温度为 31℃,在降深 30m 时,涌水量达 2640m^3/d,地热流体中锶含量为 0.61mg/L,达到了命名天然饮用矿泉水的标准,为锶型矿泉水。水化学类型为 HCO_3- Ca·Mg 型。

该地热矿泉水井位于成矿预测区的Ⅰ区,该井的施工很好地验证了成矿预测,也进一步证实了研究区内矿泉水的成矿模式和成矿机理的正确性,为区内下一步矿泉水资源勘查评价提供了基础理论依据。

第七章 结论与展望

第一节 结 论

（1）深入刻画了济南岩体的空间形态，完善了其形成序列和演化规律。岩体呈 N 倾的"岩镰"状，形成序列划分为 5 个单元，演化序列为含苏橄榄辉长岩—辉长岩—闪长岩—辉石二长岩，地球化学类型为拉斑玄武岩系列，进一步提升了对济南岩体的成因认识。

济南岩体在大地构造上处于华北板块鲁西隆起区的鲁中隆起带，济南岩体是在白垩纪早期，受太平洋板块俯冲挤压，华北板块拆沉熔融，华北克拉通东部减薄，岩浆热液沿齐河-广饶深大构造（薄弱带）上涌，沿软弱层大规模上侵并熔融围岩形成的不规则侵入体。济南岩体整体呈"镰"状，岩体北厚南薄，根据现今厚度可分为岩被、岩颈、岩根三部分。岩性主要为辉长岩、辉石二长岩，岩石类型为基性—中性岩，以发育基性岩—辉长岩为主要特征，属济南序列，研究区内岩浆岩划分为无影山单元、药山单元、金牛山单元、燕翅山单元和马鞍山单元。演化序列为含苏橄榄辉长岩—辉长岩—闪长岩—辉石二长岩，表现为明显的基性岩向中酸性岩演化的特点。地球化学类型为拉斑玄武岩系列，进一步提升了对济南岩体成因的认识。

（2）在对济南岩体及周边热储类型、热源通道、地温场特征、补径排条件、动态变化规律等综合研究的基础上，构建了地热成因模式，丰富了研究区地热成因机制的认识。

研究区按热储含水层岩性特征划分为碳酸盐岩裂隙岩溶热储和侵入岩类基岩裂隙热储，按热储层补径排条件划分为开放式地热田、弱开放式地热田、封闭式地热田，按热量传递方式分为对流型、对流传导型和传导型。建立了水源以降水中深循环、热源以大地热流为主、地热沿岩体边缘裂隙和深大断裂上涌、在不同地区热储层以不同热传递方式聚集形成不同类型地热田的成矿模式，明确了断裂破碎带和岩体与围岩接触带是深部热源的主要上升通道，深部热流上涌过程中在济南岩体北侧局部形成地热异常区（带）。查明了研究区地温场纵横向变化规律，并通过地球化学温标离子计算热储温度和地温梯度进行相互印证，取得了较好的效果。明确了研究区内地热流体来源以大气降水为主，利用地球化学方法计算印证地热流体补给来源、标高及地热流体中离子变化特征。通过观测数据证实了地热流体水位变化受降水影响，越远离补给区，其动态曲线越平缓，最高水位出现时间越晚于丰水期。构建了济南岩体周边的地热成因模式，丰富了研究区地热成因机制的认识，为该区下一步地热勘查工作提供了重要理论依据。

（3）通过对济南岩体及周边矿泉水地球化学特征的深入研究，提出富锶、偏硅酸矿泉水的形成,是地下水与沉积岩(奥陶系)、岩浆岩(济南岩体)、变质岩(大理岩)三大岩类围岩间溶滤、离子交换等水岩相互作用的结果,完善了矿泉水成因机理的认识,首次创建济南地区矿泉水断裂深循环型、断裂中深循环型和层间缓慢径流型3种成因类型和围岩式成矿模式。

分析研究了济南岩体周边矿泉水以锶型及锶-偏硅酸复合型为主,水化学类型有 HCO_3-Ca 型、$HCO_3-Ca \cdot Mg$ 型、$SO_4 \cdot HCO_3-Ca \cdot Mg$ 型和 $SO_4 \cdot Cl-Ca \cdot Na \cdot Mg$ 型,含水层岩性多为灰岩、白云岩和大理岩,次为辉长岩。研究发现矿泉水的形成和有益离子含量与济南岩体岩石的化学组分和溶滤有着密切关联,矿泉水中锶和偏硅酸等微量元素和组分的主要来源为济南岩体辉长岩中碳酸盐和硅酸盐等矿物的溶滤和溶解,在岩体及周边围岩地质条件、地球化学条件、地下水动力条件等诸多因素的影响和控制下形成矿泉水资源,研究区矿泉水成因类型可分为断裂深循环型、断裂中深循环型和层间缓慢径流型3种,因矿泉水多形成于岩体与碳酸盐岩地层接触部位,其成矿过程中均与岩体或围岩发生作用,将成矿模式概括为围岩式。通过研究完善了对矿泉水成因的认识,在地下水流动及深循环运动中,溶滤和水解围岩中锶和偏硅酸等矿物成分并不断富集,赋存在裂隙岩溶和基岩裂隙发育地区,形成了矿泉水资源。

(4)在总结铁矿床成因类型、赋存特征、成矿环境、控矿构造、磁异常特征等基础上,提出了济南岩体及周边铁矿主要为接触交代矽卡岩型铁矿,成矿围岩为奥陶纪马家沟厚层纯灰岩,形成时代为130.8Ma,属燕山晚期,进一步深化了该区铁矿成因机制的认识,为该区富铁矿的勘查提供了理论依据。

济南岩体及周边铁矿主要产出于济南岩体与奥陶纪灰岩接触带,属高温热液接触交代式矽卡岩型磁铁矿,铁矿物质来源主要为侵入岩边缘相的苏长辉长岩和角闪岩;含碱质高的闪长岩中的铁和闪长岩类岩石的碱质进行交代作用,高温热液接触交代矽卡岩化及铁质溶解运移和富集是成矿的重要因素;高温热液与成矿围岩奥陶纪马家沟组厚层灰岩及大理岩和似斑状闪长岩进行交代提供铁质富集条件。含铁质矽卡岩为基性岩浆岩结晶凝固过程中分泌出来的气水溶液上升至适当条件下沉淀交代形成富铁矿床,矽卡岩多生成于接触带内及其附近,受地质构造影响,形态不一,受其影响铁矿床多生成于褶皱构造带内,以透镜体形状产于短轴背斜的轴部或两翼。济南岩体为中生代燕山晚期侵入岩,距今约130.8Ma,研究区铁矿床为其同期产物。深化了研究区铁矿成因过程和机制的认识。

(5)通过成矿机理研究,预测了济南岩体及周边矿产分布及资源潜力,提升了本区基础理论研究水平,为类似地区找矿和成矿机理研究提供了借鉴,社会经济效益显著。

对济南岩体及周边开展了成矿预测:预测地热田4处,面积540km^2;预测矿泉水远景区4处,面积204km^2;预测富铁矿远景区8处。并进行了初步的验证,验证效果显著,经济社会效益明显。为山东省新旧动能转换和区域经济社会发展做出了贡献。

在岩体及周边地区圈定的4个地热田范围内,成功施工了17眼地热井,地热流体温度为30~65℃,单井涌水量为1920~3120m^3/d,地热资源总量为622.65×10^{16}J,折合标准煤21.25×10^7t,潜在经济价值巨大;圈定矿泉水成矿区4处,施工了4个矿泉水井,锶、偏硅酸等多种有益组分达到饮用天然矿泉水标准,为山东省新旧动能转换先行区提供了优质水源供给,潜在经济价值超过3000万元,社会效益显著;为当地社会经济发展提供了资源保障。

该项目成果是落实山东省委、省政府新旧动能转换的具体实践,为促进山东省区域经济社会经济发展做出了贡献,社会经济效益显著。提升了济南岩体基础研究水平,为山东省同类地区地热等矿产资源勘查、开发利用提供了可借鉴的经验和案例,意义重大。

第二节 展 望

一、指导济南新旧动能转换区清洁能源(地热)勘查

研究区中北部为济南新旧动能转换区,其中齐河县为辐射区,槐荫区、天桥区和历城区为新旧动能转换规划控制区和规划协同区,对新能源的需求不断加大。通过本次分析研究发现以下几点。

(1)黄河北地热田(焦斌屯—桑梓店—大桥镇)为地热资源勘查的首选地段。

在该地区勘查奥陶纪岩溶裂隙地热资源,需要寻找构造进行配合,亦存在一定风险。在靠近济南岩体附近的"灰岩条带"内勘查地热资源,地热水温度一般为30~40℃,向北在上石炭统—二叠系覆盖区,岩溶裂隙热储温度升高至50~60℃,在新旧动能转换区内,可以根据规划和不同温度需求勘查开发地热资源。

(2)坝子-鸭旺口地热田(桃园—鸭旺口)为地热资源勘查的较好地段。

该地区地热水具有矿物质含量高、温度适中的特点(温度一般在36~45℃之间),由于该区地热水循环补给时间长,溶解围岩矿物质多,有益微量元素相对富集,是地热资源综合利用的理想区段。

(3)西部地热田为地热矿泉水综合开发地段。

西部地热田温度相较黄河北地热田和坝子-鸭旺口地热田低,一般小于35℃,地热水矿化度低,一般为0.3~0.5g/L,多为淡水资源,多口地热井中锶、偏硅酸的含量达到饮用天然矿泉水标准,是水热综合利用型矿产资源。

二、为新旧动能转换区提供优质地下水勘查方向

泉水是济南市的灵魂,为实现泉水不停喷,保护泉水,岩体南部(炒米店断裂和东坞断裂之间)的泉水流域不作为矿泉水勘查开发区域,岩体西侧和东侧的东坞断裂以东可作为矿泉水勘查开发的有利区域,在上述两个区域进行矿泉水资源勘查,既能有效保护泉域,又能为济南新旧动能转换区提供优质水源。

三、指导研究区铁矿资源勘查,增加资源储备

现阶段研究区铁矿资源勘查工作基本停滞,铁矿资源作为资源储备具有一定的战略意义,通过本次研究,认为区内铁矿为热液交代型,是中生代岩浆在侵入冷凝过程中热液上升富集于有利空间与围岩发生交代而成矿,铁矿富集部位一般在围岩接触带或附近的围岩内、岩体内。一般在断裂与岩体接触带的复合部位或岩体的拐弯处、凹部有利位置成矿,在假整合面、舌状围岩和捕虏体中亦往往利于形成矿体。

四、为新旧动能转提供资源保障

山东省人民政府于 2020 年 1 月 11 日批复《济南新旧动能转换先行区发展规划(2020—2035 年)》,规划明确提出基础设施先行,生态环境先行,矿泉水作为优质地下水、地热作为绿色清洁能源将为大力推动新旧动能转换、绿色城市建设,以及打造综合试验区的样板、全国重要的科技产业创新基地、国际一流的现代绿色智慧新城提供资源保障。

研究区初步估算地热资源总量为 $622.65×10^{16}$ J,折合标准煤 $21.25×10^7$ t,按允许开采量开采一年可利用的热能 $1\ 318.77×10^{14}$ J,折合节煤量 $3\ 072.82×10^4$ t;减少 CO_2 排放量 $7\ 331.75×10^4$ t,减少 SO_2 排放量 $52.24×10^4$ t,减少 NO_2 排放量 $18.44×10^4$ t,减少悬浮质粉尘排放量 $24.58×10^4$ t,减少煤灰渣排放量 $3.07×10^4$ t;节省的治理费用可达 199.12 亿元以上。地热资源可用于供暖、康养、种植、养殖等众多行业,也可为高精尖企业提供绿色环保热能,将为新旧动能转换提供巨大助力。

研究区内矿泉水一般为锶型或锶-偏硅酸复合型矿泉水,单井涌水量大,一般为 1600~2640 m^3/d,若将研究区槐热 5 井按矿泉水井进行开采,单井按 2640 m^3/d 开采生产,每年可实现经济收入约 10 560 万元,可为新旧动能转换区优质地下水资源提供保障。

主要参考文献

艾宪森,王世进,等,1998.山东省十年区域地质调查工作新进展[J].地质通报,17(3):228-235.

蔡五田,2013.济南岩溶水系统水力联系研究[M].北京:地质出版社.

操应长,姜在兴,邱隆伟,1999.山东惠民凹陷商741块火成岩油藏储集空间类型及形成机理探讨[J].岩石学报,15(1):130-137.

曹国权,1996.鲁西早前寒武纪地质[M].北京:地质出版社.

陈宗宇,齐继祥,张兆吉,等,2010.北方典型盆地水文地质学同位素方法应用[M].北京:科学出版社.

程裕淇,1998.华北地区早前寒武纪地质研究论文集[M].北京:地质出版社.

程裕淇,赵一鸣,林文蔚,1994.中国矿床·中册[M].北京:地质出版社.

程裕淇,赵一鸣,陆松年,1978.中国主要几组铁矿类型[J].地质学报,52(4):253-268.

邓晋福,苏尚国,刘翠,等,2006.关于华北克拉通燕山期岩石圈减薄的机制与过程的讨论:是拆沉,还是热侵蚀和化学交代[J].地学前缘,13(2):105-119.

丁相礼,任钟元,郭锋,等,2016.济南辉长岩岩浆演化过程:来自熔体包裹体的证据[J].40(1):174-190.

董斌,2009.常德市戴家岗矿泉水水源地形成条件分析[J].湖南文理学院学报(自然科学版),21(3):85-87,90.

董海洲,陈建生,陈亮,2003.中国地球物理学会第十九届年会论文集[C].南京:南京师范大学出版社.

董一杰,黎秉符,1980.济南地区铁矿成矿地质条件与找矿方向[R].济南:山东省地质局第五地质大队.

杜利林,庄育勋,杨崇辉,2005.鲁西孟家屯一种细粒斜长角闪岩的锆石SHRIMP年代学[J].地球学报,26(5):429-434.

杜圣贤,张俊波,周金珠,等,2004.济南市长清张夏—崮山地区华北寒武系地质遗迹特点及保护现状[J].山东国土资源,20(4):64-66.

杜圣贤,张瑞华,张贵丽,等,2007.山东张夏—崮山地区华北寒武系标准剖面上寒武统研究新进展[J].山东国土资源,23(10):1-6,14.

杜仲,董德春,1984.济南地区保泉供水水文物探工作成果报告[R].济南:山东省地矿局物探大队.

高林,陈斌,2013.鲁西地块济南辉长岩岩石学、地球化学和 Os-Nd-Sr 同位素研究[J].地球科学与环境学报,35(2):19-31.

顾慰祖,庞忠和,王全九,等,2011.同位素水文学[M].北京:科学出版社.

郭新亮,邢继飞,2019.济南北部地热开发对南部岩溶冷水的影响相关性分析[J].水利技术监督(2):228-232.

韩建江,2008.济南北部地热田地热地质条件研究及资源量评价[D].北京:中国地质大学(北京).

郝中兴,2014.鲁西地区铁矿成矿规律与预测研究[D].北京:中国地质大学(北京).

胡彩萍,王楠,宋亮,等,2019.济南西北部碳酸盐岩热储浅埋区热异常机理研究[J].地质学报(S1):178-183.

胡秋媛,李理,唐智博,2009.鲁西隆起晚中生代以来伸展断裂特征及形成机制[J].中国地质,36(6):1233-1244.

环文林,时振梁,鄢家全,1982.中国东部及邻区中新生代构造演化与太平洋板块运动[J].地质科学(2):179-190.

康凤新,2011.地下水资源可持续开采量[D].武汉:中国地质大学(武汉).

孔敏、吴泉源,2001.贺尔康矿泉水的形成、赋存条件及水质评价[J].山东师范大学学报(自然科学版),16(1),53-57.

孔庆友,张天祯,于学峰,等,2006.山东矿床[M].济南:山东科学技术出版社.

雷岩,杜清坤,郑镝,2014.铁矿资源形势分析及对策研究[J].中国国土资源经济,27(12):15-19.

黎彤,饶纪龙,1963.中国岩浆岩的平均化学成分[J].地质学报,43(3):69-78.

李常锁,武显仓,孙斌,等,2018.济南北部地热水水化学特征及其形成机理[J].地球科学,43(A1):313-325.

李常锁,杨磊,高卫新,等,2008.济南北部地热田地热地质特征浅析[J].山东国土资源,24(4):35-39.

李常锁,张中样,李试,等,2005.济南北部地热田地热资源勘查评价报告[R].济南:山东省地矿工程勘察院.

李常锁,赵玉祥,王少娟,等,2008.山东济南北部地热田富水规律分析[J].地球与环境,36(2):155-160.

李昶绩,1992.济南—邹平地区侵入岩期次划分之我见[J].山东地质,8(1):68-79.

李昶绩,付东汉,1965.济南辉长岩初步研究报告[R].济南:山东省地质局八一大队.

李洪奎,禚传源,耿科,等,2016.郯-庐断裂带陆内伸展构造:以沂沭断裂带的表现特征为例[J].地学前缘,24(2):73-84.

李全忠,谢智,陈江峰,等,2007.济南和邹平辉长岩的 Pb-Sr-Nd 同位素特征和岩浆源区中下地壳物质贡献[J].高校地质学报,13(2):297-310.

李三忠,王金铎,刘建忠,等,2005.鲁西地块中生代构造格局极其形成背景[J].地质学报,79(4):487-497.

李振函,康凤新,刘国爱,等,2013.济南地热温泉[M].北京:地质出版社.

梁杏,张人权,靳孟贵,2015.地下水水流系统:理论应用调查[M].北京:地质出版社.

梁月龙,2012.济南北部地热勘探与开发综述[J].化工矿产地质,34(1):61-64.

柳鉴容,宋献方,袁国富,等,2009.中国东部季风区大气降水 $\delta^{18}O$ 的特征及水汽来源[J].科学通报,54(22):3521-3531.

吕朋菊,朱兴珊,1989.鲁西中、新生代构造应力场的更迭[J].山东矿业学院学报,8(4):18-25.

马瑞,2007.碳酸盐岩热储隐伏型中低温热水的成因与水-岩相互作用研究[D].武汉:中国地质大学(武汉).

马致远,王心刚,苏艳,等,2008.陕西关中盆地中部地下热水 H、O 同位素交换及其影响因素[J].地质通报,27(6):888-894.

宁波,吴威,孙明哲,等,2010.矿泉水市场的现状及发展动向[J].农产品加工(学刊)(7):76-78.

牛俊强,文美霞,郭困,等,2019.湖北省饮用天然矿泉水成因类型及成矿模式分析[J].资源环境与工程,33(1):61-65.

牛树银,胡华斌,毛景文,等,2004.鲁西地区地质构造特征及其形成机制[J].中国地质,31(1):36-41.

庞绪贵,成德军,1987.济南地区地热物化探成果报告[R].济南:山东省地矿局物化探队.

庞忠和,胡圣标,王社教,等,2015.地热系统与地热资源[M]//汪集旸,庞中和,胡圣标,等.地热学及其应用.北京:科学出版社.

钱会,马致远,李培月,2012.水文地球化学[M].2版.北京:地质出版社.

秦品瑞,高帅,徐军祥,等,2019.济南市城市地下空间资源开发利用适宜性评价[J].山东国土资源,35(6):56-66.

邱家骧,1985.岩浆岩岩石学[M].武汉:中国地质大学出版社.

任书才,2003.济南北部地区地热地质条件分析[J].地热能(4):12-15.

山东省地质矿产局,1991.山东省区域地质志[M].北京:地质出版社.

商广宇,王建军,2002.有的放矢科学保泉:济南泉域边界条件论证[J].地下水,24(4):191-194,223.

尚敏,易武,张兰新,2008.济南北部地区地热资源形成条件研究[J].三峡大学学报(自然科学版),30(4):22-25.

尚宇宁,高明志,吴立进,等,2012.济南北部地热资源区划研究[J].中国地质,39(3):778-783.

史忠民,程秀明,李传磊,等,2005.山东省西北部中低温地热田层状热储地热资源储量计算方法探讨[J].山东国土资源,21(9):71-73.

苏春田,罗飞,杨杨,等,2019.湖南新田富锶矿泉水形成机理浅析[J].中国矿业,28(S1):347-348.

苏宏建,杨瑞,多晓松,等,2019.承德市矿泉水资源分布规律及其形成的地球化学条件[J].化工矿产地质(1):27-34.

隋海波,韩建江,丘晨,等,2013.山东省济南市地热资源储量利用调查报告[R].济南:山东省地矿工程勘察院.

隋海波,康凤新,李常锁,等,2017.水化学特征揭示的济北地热水与济南泉水关系[J].中国岩溶,36(1):49-58.

孙斌,彭玉明,李常锁,等,2016.济南岩溶水系统划分及典型泉域水力联系[J].山东国土资源,32(10):31-34,38.

孙斌,邢立亭,2011.济南泉群附近侵入岩体变化特征研究[J].铜业工程(5):5-10.

孙鼐,王德滋,1958.济南辉长岩及伟晶岩的研究[J].地质学报,38(2):179-200.

汤立成,刘洪杰,1990.论济南辉长岩体的产状[J].地质评论,36(5):423-430.

陶建玉,刘书才,1999.山东省小清河中下游地区农业土壤地球化学调查成果报告[R].济南:山东省物化探勘查院.

王贵玲,刘志明,蔺文静,2014.鄂尔多斯周缘地质构造对地热资源形成的控制作用[J].地质学报,18(1):44-51.

王家乐,2016.济南岩溶水系统多级次循环模式分析及识别方法研究[D].武汉:中国地质大学(武汉).

王钧,黄尚瑶,黄歌山,等,1983.华北中、新生代沉积盆地的地温分布及地热资源[J].地质学报(3):304-316.

王树芳,2011.水热过程示踪与模拟及地热资源优化开采:以华北牛驼镇地热田为例[D].北京:中国科学院研究生院.

王先美,钟大赉,李理,等,2010.鲁西北西向断裂系与沂沭断裂带晚中生代演化关系及其动力学背景探讨[J].地学前缘,17(3):166-190.

王兆林,高宗军,徐源,等,2013.济南泉域岩溶水水化学特征[J].山东国土资源,29(2):27-29.

吴俊奇,章邦桐,凌洪飞,等,2007.花岗岩锆石 U-Pb 年龄与全岩 Rb-Sr 等时线年龄对比研究及其地球化学意义[J].高校地质学报,13(2):272-281.

吴立新,2014.淄博市淄川区饮用天然矿泉水赋存条件与形成机理研究[J].山东国土资源(6):41-44.

吴兴波,牛景涛,牛景霞,2004.济南泉域地下水保护对策探析[J].水资源保护,20(5):64-66.

邢新田,2012.加强铁矿勘查 夯实资源资产基础 提高保障程度[J].中国国土资源经济,25(8):9-14,8,54.

徐军祥,邢立婷,魏鲁峰,等,2012.济南岩溶水系统研究[M].北京:冶金工业出版社.

许文良,王冬艳,等,2003.鲁西中生代闪长岩中两类幔源捕虏体的岩石学和地球化学[J].岩石学报,19(4):623-636.

许文良,王冬艳,王清海,等,2004.华北地块中东部中生代侵入杂岩中角闪石和黑云母的$^{40}Ar/^{39}Ar$定年:对岩石圈减薄时间的制约[J].地球化学,33(3):221-231.

闫峻,张巽,陈江峰,等,2001.济南辉长岩体的锶、钕同位素特征[J].矿物岩石地球化学通报,20(4):302-305.

闫昭秀,郝海霞,2017.济南锶类型矿泉水的成因分析[J].山东水利(11):12-13.

阎国翰,许保良,牟保磊,等,2001.中国北方中生代富碱侵入岩钕、锶、铅同位素特征及其意义[J].矿物岩石地球化学通报,20(4):234-237.

杨承海,2007.鲁西中生代高Mg闪长岩的年代学与地球化学:对华北克拉通岩石圈演化的制约[D].长春:吉林大学.

杨承海,许文良,杨德彬,等,2005.鲁西济南辉长岩的形成时代:锆石LA-ICP-MS U-Pb定年证据[J].地球学报,26(4):321-325.

杨承海,许文良,杨德彬,等,2006.鲁西中生代高Mg闪长岩的成因:年代学与岩石地球化学证据[J].地球科学(中国地质大学学报),20(4):234-237.

杨丽芝,2006.济南市城市地质调查评价[R].济南:山东省地质调查院.

杨青亮,2012.华北陆块东南缘早白垩世基性侵入岩地球化学研究[D].合肥:中国科学技术大学.

苑连菊,1995.盘陀天然矿泉水特征及水化学成分形成的研究[J].太原工业大学学报(4):100-105.

曾广湘,吕昶,徐金芳,1997.山东铁矿地质[M].济南:山东科学技术出版社.

张保建,2011.鲁西北地区地下热水的水文地球化学特征及形成条件研究[D].北京:中国地质大学(北京).

张秉祥,陈维源,1983.山东省济南地区重磁资料综合研究结果报告[R].济南:山东省地质局物探队.

张海林,李常锁,罗斐,2011.济南市主要水源地地下水资源潜力评价[J].山东国土资源,27(11):23-25,31.

张兰新,徐扬,张慧,2017.济南白泉泉群形成机理研究[J].山东国土资源,33(8):58-62.

张楠,2013.靖宇矿泉水自然保护区天然矿泉水补给机理研究[D].长春:吉林大学.

张拴红,周显强,1999.鲁西地区韧性剪切带显微构造研究及岩组分析[J].地质找矿论丛,14(1):39-47.

张艳飞,陈其慎,于汶加,等,2015.2015—2040年全球铁矿石供需趋势分析[J].资源科学,37(5):921-932.

张英,冯建赟,何志亮,等,2017.地热系统类型划分与主控因素分析[J].地学前缘,24(3):190-198.

张增奇,刘明渭,宋志勇,等,1996,山东省岩石地层[M].武汉:中国地质大学出版社.

张增奇,张成基,王世进,等,2014.山东省地层侵入岩构造单元划分对比意见[J].山东国土资源,30(3):1-23.

张之淦,2011.地下水年龄测定[M]//顾慰祖.同位素水文学.北京:科学出版社.

张中祥,张海林,2008.济南北部地热田开发与保护建议[J].地质调查与研究,31(3):264-269.

赵广涛、曹钦臣、孙悦鹏,等,1993.崂山锶硅型矿泉水的特征与形成机理[J].青岛海洋大学学报,123(1):61-68.

赵海玲,邓晋福,贺怀宇,等,1998.造山带陆壳增厚的一个岩石学记录:以济南辉长岩及其包体研究为例[J].地学前缘,5(4):251-256.

赵文智,沈安江,潘文庆,等,2013.碳酸盐岩岩溶储层类型研究及对勘探的指导意义:以塔里木盆地岩溶储层为例[J].岩石学报,29(9):3213-3222.

赵一鸣,2013.中国主要富铁矿床类型及地质特征[J].矿床地质,32(4):685-704.

赵玉祥,李常锁,邢立亭,2009.济南北部地热田的成生条件[J].济南大学学报(自然科学版),23(4):406-409.

赵越,翟明国,陈虹,等,2017.华北克拉通及相邻造山带古生代—侏罗纪早期大地构造演化[J].中国地质,44(1):45-60.

赵云杰,天洪水,1995.济南北部中基性杂岩体中碱性—过碱性伟晶岩[J].山东地质,11(2):52-56.

赵震宇,2005.中国铁矿床成矿远景区综合信息潜力预测[D].长春:吉林大学.

郑淑慧,侯发高,倪葆龄,1983.我国大气降水的氢氧稳定同位素研究[J].科学通报(13):801-806.

中华人民共和国国家卫生健康委员会,国家市场监督管理总局,2017.食品安全国家标准 食品中污染物限量:GB 2762—2017[S].北京:中国标准出版社.

中华人民共和国国家卫生健康委员会,国家市场监督管理总局,2018.食品安全国家标准 饮用天然矿泉水:GB 8537—2018[S].北京:中国标准出版社.

钟军伟,黄小龙,2012.鲁西早白垩世基性侵入岩的锆石Hf同位素组成变化及其成因[J].大地构造与成矿学,36(4):572-580.

朱志澄,宋鸿林,1990.构造地质学[M].武汉:中国地质大学出版社.

祝子惠,2010.山东省水文地质条件演化规律研究[D].淄博:山东科技大学.

邹连文,商广宇,张明泉,等,2008.济南泉水来源区域讨论[J].中国水利,9(7):22-24.

CHEBOTAREV I I, 1955. Metamorphism of natural waters in the crust of weathering-3[J]. Geochemica et Cosmochimica Acta, 8(1):158.

CHEN Z, QI J, XU J, et al., 2003. Paleoclimatic interpretation of the past 30 ka from isotopic studies of the deep confined aquifer of the North China Plain[J]. Applied Geochemistry, 18(7):997-1009.

CRAIG H, 1961. Isotopic variations in meteoric waters[J]. Science, 133:1702-1703.

D'AMORE F, FANCE R, CABOI R, 1987. Observations on the application of chemical geothermometers to some hydrothermal systems in Sardinia[J]. Geothermics, 16(3):271-282.

FOURNIER R O, TRUESDELL A H, 1973. An empirical Na-K-Ca geothermometer for natural waters[J]. Geochemica et Cosmochimica Acta, 37(5):1255-1275.

GEMICI U, TARCAN G, 2002. Hydrogeochemistry of the Simav geothermal field, western Anatolia, Turkey[J]. Journal of Volcanology and Geothermal Research, 116(3):215-233.

GIGGENBACH W, SHEPPARD D S, ROBINSON B W, et al., 1994. Geochemical structure and position of the Waiotapu geothermal field, New Zealand[J]. Geothermics, 23(5-6):599-644.

GOLDSCHEIDER N,2008. A new quantitative interpretation of the long-tail and plateau-like breakthrough curves from tracer tests in the artesian karst aquifer of Stuttgartj Germany[J]. Hydrogeology Journal,16(7):1311-1317.

HAN D, LIANG X, CURRELL M J, et al., 2010. Environmental isotopic and hydrochemical characteristics of groundwater systems in Daying and Qicim geothermal fields, Xinzhou Basin, Shanxi, China[J]. Hydrological Processes,24(22): 3157-3176.

JOSEPH E P, FOUMIER N, LINDSAY J M, et al.,2013. Chemical and isotopic characteristics of geothermal fluids from Sulphur Springs, Saint Lucia[J]. Journal of Volcanology and Geothermal Research, 254:23-36.

PANG Z, REED M, 1998. Theoretical chemical thermometry on geothermal waters: problems and methods[J]. Geochemica et Cosmochimica Acta, 62(6): 1083-1091.

PEFTUELA-AREVALO L A, CARRILLO-RIVERA J J, 2012. Discharge areas as a useful tool for understanding recharge areas, study case: Mexico Catchment[J]. Environmental Earth Sciences,68(4): 999-1013.

REED M, SPYCHER N,1984. Calculation of pH and mineral eqmlibria in hydrothermal waters with application to geothermometry and studies of boiling and dilution[J]. Geochemica et Cosmochimica Acta,48(7): 1479-1492.

TARCAN G, GEMICI U, 2003. Water geochemistry of the Seferihisar geothermal area, Izmir, Turkey[J]. Journal of Volcanology and Geothermal Research,126(3):225-242.

USGS,2018. Mineral commodity summaries[R]. Washington:USGS.

WANG J, JIN M, JIA, et al., 2015. Hydrochemical characteristics and geothermometry applications of thermal groundwater in northern Jinan, Shandong, China[J]. Geothermics,57:185-195.